U0731810

本书由江苏大学专著出版基金资助

# 基于生态经济的
## 产业结构优化研究

贺 丹 李文超 著

STUDY OF
INDUSTRIAL STRUCTURE OPTIMIZATION
BASED ON ECOLOGICAL ECONOMY

江苏大学出版社
JIANGSU UNIVERSITY PRESS
镇 江

图书在版编目(CIP)数据

基于生态经济的产业结构优化研究 / 贺丹,李文超著. —镇江:江苏大学出版社,2013.12
ISBN 978-7-81130-664-4

Ⅰ.①基… Ⅱ.①贺… ②李… Ⅲ.①生态经济—产业结构优化—研究 Ⅳ.①F062.2②F062.9

中国版本图书馆 CIP 数据核字(2013)第 315715 号

**基于生态经济的产业结构优化研究**

JIYU SHENGTAI JINGJI DE CHANYE JIEGOU YOUHUA YANJIU

著　　者/贺　丹　李文超
责任编辑/柳　艳
出版发行/江苏大学出版社
地　　址/江苏省镇江市梦溪园巷 30 号(邮编:212003)
电　　话/0511-84446464(传真)
网　　址/http://press.ujs.edu.cn
排　　版/镇江文苑制版印刷有限责任公司
印　　刷/丹阳市兴华印刷厂
经　　销/江苏省新华书店
开　　本/890 mm×1 240 mm　1/32
印　　张/5.875
字　　数/200 千字
版　　次/2014 年 12 月第 1 版　2014 年 12 月第 1 次印刷
书　　号/ISBN 978-7-81130-664-4
定　　价/32.00 元

如有印装质量问题请与本社营销部联系(电话:0511-84440882)

# 目 录

# 1 导 论

## 1.1 研究背景

（1）产业结构变动对经济增长具有正的影响

学者们一般认为，产业结构调整是在经济增长过程中，产业各部门之间生产要素的重新配置，以及各部门的产值比重发生变化的过程。国内外学者对产业结构问题研究的持续热衷，源于产业结构与经济增长之间的密切关系。结构调整是经济增长的重要源泉的假说可以追溯到库兹涅茨关于国民收入度量的论述，他提出一个国家对国民收入的度量必须从产业结构的角度去衡量，没有产业结构调整所带来的这种部门间要素的充分流动，要实现经济的高速增长是不可能的[①]。Lewis 在二元经济的古典模型的论述中明确指出结构调整是经济增长的重要源泉[②]。钱纳里和赛尔昆认为结构变化是经济增长长期表现的关键因素，他们在《发展的型式：1950—1970》一书中，对 101 个国家 20 年的统计资料进行分析，构造出经济发展不同阶段所对应

---

① Kuznets. *Growth and Structural Shifts in Economic Growth and Structural Change in Taiwan: The Postwar Experience of the Republic of China.* Cornell University Press,1979.

② Lewis W A. Economic Development with Unlimited Supplies of Labour. *The Manchester School*,1954,22(2).

的产业结构,并且认为在经济发展的不同阶段,应存在着不同的产业结构与之对应[①]。钱纳里,卢宾逊和塞尔奎因以基本的新古典增长模型为起点,又加入结构变量来研究经济增长,结果表明结构因素对于经济增长具有显著的贡献。还有很多实证研究表明结构变化对经济增长有显著正的影响[②]。Szirmai 和 Timmer 在解释亚洲四小龙制造业结构调整对生产率增长影响的时候,将这种正向影响称为结构红利假说[③],这一术语此后在学术界被广泛应用。结构主义学派认为发展中国家与发达国家增长过程的根本区别就在于产业结构。由于部门间的生产率和生产率增长率存在差异,投入要素从低生产率水平或者低生产率增长率的部门向高生产率水平或高生产率增长率的部门流动时所产生的"结构红利"保证了经济的高速增长[④]。

综上所述,从国内外文献可以看出,产业结构调整是经济增长的重要源泉,与经济增长之间存在显著的正相关性。

(2)当前经济发展目标和产业发展趋势

20世纪70年代以来,能源危机和环境灾害频发,人们越来越认识到能源和环境问题对经济发展的重要性。政府和学者都开始重新审视经济发展的目标。蕾切尔·卡逊在其著作《寂静的春天》中,首次向人类揭示了环境污染对生态系统和人类社会产生的巨大破坏[⑤]。1966年,美国经济学家 Boulding 提出"宇

---

① 钱纳里,赛尔昆:《发展的型式:1950—1970》,经济科学出版社,1988年。

② 钱纳里,卢宾逊,塞尔奎因:《工业化和经济增长的比较研究》,吴奇,王松宝译,上海三联书店,1989年。

③ Timmer,S Zirmai A. Productivity Growth in Asian Manufacturing: The Structural Bonus Hypothesis Examined. *Structural Change and Economic Dynamics*,2000(11).

④ 吕铁,周叔莲:《中国的产业结构升级与经济增长方式转变》,《管理世界》,1999年第1期。

⑤ 蕾切尔·卡逊:《寂静的春天》,吉林人民出版社,1997年。

宙飞船理论",对传统工业"资源——产品——污染——排放"的开环范式提出了批评,倡导对资源和环境问题的重视①。1972年 Meadows 等人出版了《增长的极限》,该书对世界人口、不可再生资源、工业资本、粮食生产和环境污染五大因素进行分析,发现工业化、人口增长、营养不良、可再生资源耗竭和环境恶化等都呈现出指数增长的态势,所以发展下去,稀缺自然资源最终会使发展停止。针对地球的有限空间,资源稀缺的日益加剧,环境自净能力的限制和科技水平与调控世界能力的限制,他们提出降低甚至停止经济增长率进而减少资源消耗量②。20 世纪80 年代人们的认识经历了"排放废弃物"—"净化废弃物"—"利用废弃物"三个阶段。1987 年世界环境和发展委员会(WCED)公布《我们共同的未来》,阐明了可持续发展战略的核心思想③。2003 年,英国白皮书《我们未来的能源——创建低碳经济》率先提出"低碳经济"的概念,标志着源头预防和全过程治理代替末端治理的思想正式提出,并提出了以资源利用最大化和污染排放最小化为经济发展的目标。2007 年 12 月,联合国气候变化大会的"巴厘岛路线图",要求发达国家在 2020 年前将温室气体减排 25%～40%,希望全球经济能向低碳经济转型。

当前经济发展中能源、环境问题日益严重,传统产业发展模式受到严峻的考验,产业生态化和经济转型成为当今世界产业格局变化的重要特征之一。20 世纪 90 年代以来,德国、美国、日本等国家正在把发展产业生态型经济、建立生态型社会看作是深化可持续发展的重要途径;1999 年英国专门成立了区域发

①　Boulding K E. *Economic Analysis*. Harper and Row,1966.

②　Donella H Meadows,Dennis L Meadows,Jorgen Randers,William W Behrens. *The Limits to Growth：A Report to The Club of Rome*. Universe Books,1972.

③　WECD. *Our Common Future*. Oxford University Press,1987.

展局,研究经济发展与改造的问题,包括经济、社会和环境的整体协调和长期全面规划。发达国家多年的经济转型经验表明,生态化确实能够使物质和能量在社会、经济系统内不断循环,是解决能源和环境问题的有效途径。

(3)我国产业结构应势调整迫在眉睫

改革开放 30 多年来,中国经济持续快速增长,国民生产总值年均增长率高达 9.76%,经济结构也发生了显著的变化。特别是经历了 20 世纪 90 年代工业改革的攻坚阶段后,彻底消除了计划经济的短缺特征,使工业生产规模和生产能力大幅度提升,但同时也付出了高投资浪费、高能源消费、高环境污染的代价。党的十四届五中全会在关于"九五"计划的建议中就确立了实现经济增长方式从粗放型向集约型转变的方针,虽然取得了一定成效,但总体上并没有转变高投入、高能耗、高排放的增长方式[①]。进入 21 世纪以来,中国经济保持大规模持续高速增长,曾一度被国际上热议为"中国奇迹",但同时资源、能源与环境压力对经济发展的制约总体上没有缓解,有些方面仍在加剧。改革开放以来,仅占中国 GDP40.3% 的工业 GDP 却消耗了全国 70% 的能源。2010 年,中国能源消费占世界能源消费总量的 20.3%,但是所创造的 GDP 不足世界的 10%,一次能源消费总量和二氧化碳的排放量已经超过美国,跃居世界第一。

重型化工业增长方式的重现和能源环境问题的日趋严峻,引发了中央对经济改革和发展方向进行深刻的反思。继 1995 年提出生态与经济相协调的"可持续发展"的思路之后,党的十六大确定了以信息化带动工业化,以工业化促进信息

---

① 陈诗一:《浅谈中国的环境保护、经济增长与可持续发展》,《上海综合经济》,2002 年第 8 期。

化，走出一条科技含量高、科技效益好、资源消耗低、环境污染小、人力资源得到充分发挥的中国特色新型工业化道路。2005 年中央人口资源环境工作座谈会提出，要"努力建设资源节约型、环境友好型社会"。党的十七大又提出全面、协调、可持续的科学发展观。经济发展目标的变更，对我国产业结构调整也提出了新的要求。2005 年 9 月召开的国务院常务会议通过《产业结构调整暂行规定》和《产业结构调整指导目录》，明确指出发展循环经济，加快建设资源节约型和环境友好型社会是我国产业结构调整的重要方向之一。党的十七大还提出"建设生态文明，基本形成节约能源资源和保护生态环境的产业结构、增长方式、消费模式"。"十二五"规划亦将经济结构战略调整作为加快转变经济发展方式的主攻方向。产业结构的调整有助于经济发展方式转变，是实现长期可持续性发展的根本途径。这一认识已经得到了学术界和政府的一致认可，因此要彻底改变中国当前粗放型的经济发展方式，产业结构优化升级的任务就尤为紧迫。

## 1.2　研究目的及意义

### 1.2.1　研究目的

本书综合运用产业经济学、产业生态学、生态经济学的相关理论，根据当前经济发展目标和产业发展趋势，重新界定了产业结构优化的理论内涵，结合产业共生与生态创新的属性和特征，提出了产业结构优化的产业共生路径和生态创新路径，并揭示了产业共生与生态创新协同促进产业结构优化的作用机制。为丰富和完善产业结构优化理论提供理论依据，为国家和地方政府制定产业结构调整政策提供决策指导。

### 1.2.2 研究的理论意义

当前经济发展目标强调经济和生态的综合效益,产业发展趋势也将生态化作为重要发展方向之一,在此背景下,仅将经济效益作为最终实现目标的传统产业结构优化理论呈现出它的局限性。而本书从生态经济视角研究产业结构优化,重新界定产业结构优化的理论内涵,构建经济—生态综合效益下产业结构优化评价指标体系,对于完善和推进产业结构优化理论的研究具有重要的理论意义。

### 1.2.3 研究的现实意义

我国经济的持续高速增长是以高消耗、高污染为代价的,而资源、环境对经济发展的制约作用在日益加剧,因此准确地把握产业结构调整的方向对于加快经济发展方式转变以及实现经济的可持续发展具有重要的意义。产业共生强调资源在产业系统内的多级递进和循环利用,生态创新强调创新活动要实现经济效益和生态效益的统一。本书深入分析了产业结构优化的产业共生路径和生态创新路径,揭示了产业共生与生态创新协同促进产业结构优化的作用机制,为产业结构调整提供理论依据,为产业结构政策的制定提供决策依据。

## 1.3 产业结构优化、产业共生与生态创新的研究现状

### 1.3.1 传统的产业结构优化研究现状

一般认为产业结构优化是推动产业结构合理化和高级化发展的过程,是实现产业结构与资源供给结构、需求结构、技术结构相适应的状态。国内外对传统产业结构优化问题的研究可以分为以下几类:

(1)研究产业结构调整、优化与经济增长之间的关系。有学者从三次产业结构调整的角度进行研究:库兹涅茨对 50 个国

家的经验数据进行比较后发现,制造业部门的增加伴随着人均国民收入的增长[①];刘伟通过将发达国家经济的初期发展与发展中国家的经济发展相比较,证明工业化未完成的发展中国家,经济增长的主要动力在于工业制造业的结构性扩张,这一时期第三产业结构扩张更主要的作用在于完善市场化[②];罗默认为短期的经济增长是由资本和劳动等要素投入的增加所贡献的,资本、劳动和技术是在一定的产业结构中组织在一起进行生产的,不同的产业结构会导致不同的生产[③];刘伟和李绍荣从产业结构角度出发,对中国经济增长的贡献以及产业结构对经济规模和要素效率的影响两个方面进行了实证研究,发现中国经济的增长主要是由第三产业拉动的,然而第三产业的结构扩张会降低第一产业和第二产业对经济规模的正效应,单纯地依靠第三产业的结构扩张,最终将把经济带入衰退的境地。也有学者从要素配置的角度进行研究[④];吕铁和周叔莲认为产业结构变动就是资源在各部门之间的再配置,对生产率的影响主要从高度化效应和合理化效应两个方面来进行考察。前者是指资源从生产率较低的部门流向生产率较高的部门时导致的不同生产率部门的比重变化对总生产率的影响,后者是指由于资源在部门之间的流动降低了经济的非均衡程度,从而改善了部门之间的联系状况而对总生产率的影响,可以通过产业结构的调整和升级来实现产业间生产率的均衡化,从而促进经济增长方式从粗

① Kuznets S. Quantitative Aspect of the Economic Growth of Nations：Ⅱ. *Economic Development and Cultural Change*,1957(5).

② 刘伟:《经济发展目标的结构解释》,《经济研究》,1995 年第 11 期。

③ David Romer. Keynesian Macroeconomics without the LM Curve. *Journal of Economic Perspectives*,2000(1).

④ 刘伟、李绍荣:《产业结构与经济增长》,《中国工业经济》,2002 年第 5 期。

放型向集约型转变①；薛白以要素配置结构变革为桥梁，从产业结构合理化和高级化角度研究经济增长方式转变的机理，并对大道定理进行拓展，认为产业结构优化与经济增长方式转变之间相互推动，使经济增长过程表现出阶段性的动态演变路径②。还有部分学者将产业结构与其他要素例如创新、技术、制度等进行比较来展开研究：周叔莲和王伟光研究了科技创新与产业结构优化升级之间的互动关系，并提出依靠科技创新来促进产业结构优化升级的若干对策③；刘伟和张辉度量了产业结构变迁对中国经济增长的贡献，并将其与技术进步的贡献相比较，结果表明，随着市场化程度的提高，产业结构变迁对经济增长的贡献呈现不断降低的趋势，逐渐让位于技术进步④；郑若谷、干春晖和余典范进行实证分析的结果显示在改革开放的30多年来，产业结构和制度对经济增长的作用具有明显的阶段演进特征，总体上产业结构调整对经济增长的直接影响在短期和长期内均有明显作用，而制度对经济增长的直接影响是短暂的⑤。

（2）关于产业结构优化水平的测度

经典测度方法一般有三种：第一种是通过建立"标准结构"来进行比较：库兹涅茨、钱纳里等人都提出过相关的"标准"，这些"标准"常常被用来衡量某些特定国家的产业结构发展水平。

---

① 吕铁，周叔莲：《中国的产业结构升级与经济增长方式转变》，《管理世界》，1999年第1期。

② 薛白：《基于产业结构优化的经济增长方式转变——作用机理及其测度》，《管理科学》，2009年第10期。

③ 周叔莲，王伟光：《科技创新与产业结构优化升级》，《管理世界》，2001年第5期。

④ 刘伟，张辉：《中国经济增长中的产业结构变迁和技术进步》，《经济研究》，2008年第11期。

⑤ 郑若谷，干春晖，余典范：《转型期中国经济增长的产业结构和制度效应——基于一个随机前沿模型的研究》，《中国工业经济》，2010年第2期。

第二种是相对比较判别方法。即在对一个产业结构水平进行判别时,以一个产业结构系统作为参照系来评价和判别另一个产业结构水平。这种方法又分为两种类型:一是相似判别法,即比较两个产业结构系统的相似程度,以两者"接近程度"对产业结构水平进行衡量;二是距离判别法,即度量两个产业结构之间的差距,以两者的"离差程度"对产业结构水平进行判别。第三种是经济发展阶段判别法。在理论和实践数据分析的基础上,将一国的经济发展过程划分为若干个阶段,然后,根据比较国的经济特征,判别该国经济处于哪一个阶段,衡量其相应的产业结构水平,较为经典的理论有:霍夫曼的工业化阶段学说、罗斯托的经济成长阶段学说与钱纳里、赛尔奎因的经济发展阶段说。

国内有学者运用投入产出分析方法,研究产业结构内部的关联关系,并以此揭示产业结构优化水平:李博和胡进建立了一套基于静态投入产出模型的产业结构优化升级测度方法,并利用 1997 年、2002 年和 2005 年全国投入产出表提供的数据,具体测度这一时期中国产业结构的高度化水平和合理化程度,对产业结构优化升级的趋势进行分析[①];刘伟和张辉利用历年投入产出数据,对我国自 1992 年以来的中间消耗水平的变化趋势进行了分析。结果显示,价格和中间消耗水平较高部门的比例提高,抵消了技术进步对中间消耗水平和经济增长效率的贡献。改变这一趋势的办法是要将提高部门投入产出效率与产业结构调整结合起来[②]。还有学者通过建立评价指标体系来测度产业结构优化水平:伦蕊认为工业产业结构高级化水平测度指标包

①　李博,胡进:《中国产业结构优化升级的测度和比较分析》,《管理科学》,2008 年第 4 期。

②　刘伟,张辉:《中国经济增长中的产业结构变迁和技术进步》,《经济研究》,2008 年第 11 期。

括产业间结构高度指数、产业链结构高度指数、产业结构升级转换指数,并对粤、苏、浙、鲁、京五省市的产业结构进行了评价[1];黄溶冰和胡运权从静态和动态角度构建了产业联系熵和产业运行熵的数学模型,以反映产业之间的有机联系和发展水平、描述产业结构合理化和高度化的程度,并给出了模型的解法[2];吴敬链指出,在信息化推动下,"经济服务化"的过程中第三产业的增长率快于第二产业的增长率,因此可以用第三产业产值与第二产业产值之比作为产业结构高级化的度量[3];邱灵和方创琳从产业结构合理化、高级化、国际化三方面建立了产业结构测度指标体系,并用数据包络分析方法对北京市的产业结构优化水平进行实证研究[4]。干春晖、郑若谷和余典范引入泰尔指数来衡量产业结构合理化,并将第三产业产值与第二产业产值之比作为产业结构高级化衡量的指标[5]。

### 1.3.2 引入资源、能源和环境的产业结构优化研究

传统的产业结构优化的相关研究忽略了资源、能源和环境问题,背离了可持续发展的根本,正如上一节所述,当前经济发展目标和产业发展趋势是在资源严重衰竭、能源成本大幅提高和环境质量急剧恶化的基础上形成的。目前,社会各界越来越认识到资源、能源和环境问题对经济发展的重要性,不少引入资源、能源和环境的产业结构优化的相关文献也开始大量涌现。

---

① 伦蕊:《工业产业结构高度化水平的基本测评》,《江苏社会科学》,2005 年第 2 期。

② 黄溶冰,胡运权:《产业结构有序度的测算方法——基于熵的视角》,《中国管理科学》,2006 年第 2 期。

③ 吴敬链:《中国经济转型的困难与出路》,《中国改革》,2008 年第 2 期。

④ 邱灵,方创琳:《城市产业结构优化的纵向测度与横向诊断模型及应用——以北京市为例》,《地理研究》,2010 年第 2 期。

⑤ 干春晖,郑若谷,余典范:《中国产业结构变迁对经济增长和波动的影响》,《经济研究》,2011 年第 5 期。

此类文献主要包括以下两类：

一类是强调资源、能源和环境要素对提升产业结构优化的重要性，指明了当前经济发展目标下产业结构优化的方向。Murillo Zamorano 基于传统要素（资本和劳动）以及纳入能源（和环境）的多投入要素构造模型，论证了能源要素在生产率增长中的重要性[①]；Brock 和 Taylor 认为结构升级，是从稀缺资源消耗型产业转移出来，提高生产和节能减排过程的技术进步，以达到可持续发展的目标[②]；习近平把循环经济看作是一种符合可持续发展理论的经济增长新模式，要求按照循环经济的低消耗、低排放、高效率来主动调整产业结构和布局[③]；蒋贤孝认为从发展循环经济的视角看，我国的产业结构调整还存在忽视资源环境的禀赋性、忽视产业结构性污染、忽视产业内部结构层次提升、忽视产业结构体系的完整性等不足之处[④]；卫兴华和侯为民指出实现资源、环境、投资、就业的协调发展，要实现产业的内部升级和资源在产业间的转移[⑤]；冯之浚和牛文元认为要以结构创新推进低碳经济，通过实现产业结构和能源结构的调整，促进低碳经济发展[⑥]；何德旭和姚战琪认为在目前中国资源环境

---

①   Murillo Zamorano L R. The Role of Energy in Productivity Growth：A Controversial Issue? *The Energy Journal*，2005，26(2).

②   Brock W，Taylor M S. Economic Growth and the Environment：A Review of Theory and Empirics. In：Aghion P，Durlauf S.（Eds.），*Handbook of Economic Growth* Ⅱ，2005(28).

③   习近平：《大力发展循环经济，建设资源节约型、环境友好型社会》，《管理世界》，2005 年第 7 期。

④   蒋贤孝：《循环经济视角下的产业结构调整途径》，《生态经济》，2007 年第 9 期。

⑤   卫兴华，侯为民：《中国经济增长方式的选择与转换途径》，《经济研究》，2006 年第 9 期。

⑥   冯之浚，牛文元：《低碳经济与科学发展》，《中国软科学》，2009 年第 8 期。

问题的日益严峻的背景下，提高生产要素利用效率、提高资源再配置效应以及发挥技术进步的积极作用都是要实现转变经济增长方式和优化产业结构的战略目标的重要手段[①]；Kahrl 和 David指出没有哪一个大国的经济增长、经济结构改变和能源消费、能源强度之间的关系有中国那么重要[②]；李春发、李红薇和徐士琴也指出生态文明要求新的产业结构应该在人口、资源、能源、科技和政策等约束条件下追求多重目标，包括经济平衡稳步增长、社会进步、环境保护和资源能源节约等[③]。

另一类文献提出对传统的产业结构优化水平的度量指标的修正和评价方法的改良。潘文卿和陈水源将经济增长、充分就业、控制污染作为目标来建立优化模型，并以此对中国经济在 21 世纪前 20 年的中长期发展的经济增长、就业变化、污染治理以及产业结构的转换与调整的"互动"关系进行了模拟[④]；马小明、张立勋和戴大军提出了基于投入产出分析的环境—经济静态投入产出模型，并以云南省玉溪市红塔区为例预测产业结构调整引起的污染物排放与资源消耗变化量，结果表明调整产业结构是减小环境系统压力的有效途径[⑤]；吉小燕、郑垂勇和周晓平指出循环经济赋予了产业结构新的内涵，需要对产业结构优化的影响因素进行修正，其中需求因素应充分考虑人们对环境

---

① 何德旭，姚战琪：《中国产业结构调整的效应、优化升级目标和政策措施》，《中国工业经济》，2008 年第 5 期。

② Kahrl Fredrich and David Roland Holst. Growth and Structural Change in China's Energy Economy. *Energy*, 2009(7).

③ 李春发，李红薇，徐士琴：《促进生态文明建设的产业结构体系架构研究》，《中国科技论坛》，2010 年第 2 期。

④ 潘文卿，陈水源：《产业结构高度化与合理化水平的定量测算》，《开发研究》，1994 年第 1 期。

⑤ 马小明，张立勋，戴大军：《产业结构调推规划的环境影响评价方法及案例》，《北京大学学报（自然科学版）》，2003 年第 7 期。

质量的需求,供给因素应考虑能源资源的可持续供应能力①;董琨以经济的可持续发展为前景,提出了一个经济增长、能源消耗、污染控制多重目标下的产业结构动态优化模型,并以此为基础,对中国经济中长期发展中的经济增长、能源消耗、污染控制以及产业结构的转换与调整的"互动"关系提供模拟与展望②;刘淑茹认为可持续发展理论是产业结构合理化选择基准的理论基础,并将产业结构对资源结构影响状况纳入产业结构合理化评价指标体系③。

### 1.3.3　基于生态理论的产业结构优化相关研究

自生物学的理论与方法被应用于经济领域以后,越来越多的研究者尝试从生物学的视角来解决经济问题。经济学引入生态学思想后,诞生了生态经济学、产业生态学等交叉学科。这些学科都试图将生态学中一系列工具、原则和方法应用于产业系统分析,协调生态与经济的最优化发展,实现近期与远期的经济效益和生态效益,而这些正好与可持续发展的目标吻合。国外不少关于清洁生产、工业生态园、产业生态系统的研究都是以企业为研究对象的,Cote 认为工业系统仿照生态系统从生产者流向消费者,并由分解者和清除者再循环,实现物质领域的循环和再利用;企业之间建立共生关系,能够保护自然和经济资源,减少生产、物质、能量等方面的成本,提高运作效率、产品质量、工人健康状况和企业公共形象,并能及时提供由废弃物利用而获

---

①　吉小燕,郑垂勇,周晓平:《循环经济下的产业结构高度化影响要素分析》,《科技进步与对策》,2006 年第 12 期。

②　董琨:《中国产业结构多目标动态随机优化模型》,大连理工大学博士学位论文,2008 年。

③　刘淑茹:《产业结构合理化评价指标体系构建研究》,《科技管理研究》,2011 年第 5 期。

利的机会①,具体可以表现为:区域内一系列企业通过利用废弃物和副产品交换实现在传统线性关联模式下无法获得的收益,包括天然材料消耗的减少、能源使用效率的提高、废弃物排放的减少,并且有价值的输出物数量和种类的增加②。李广明和黄有光研究了影响最优区域生态产业网络的区域半径的主要因素,包括能源价格、道路运输条件、废弃物毒性、环境损害特征常数以及所收集的废弃物数量或运载量。而企业之间的诚信合作关系构建的难度、信息透明度、交易成本、政策法规和市场机制的完善程度等也对最优区域生态产业网络的区域半径有影响③。Desrchers,Andrews 等学者提出产业共生理念,认为由于价值规律、市场机制等经济因素的作用,应将产业生态的研究视角从物理空间相对狭小的生态工业园转移到城市或更大范围,这一观点得到了各界认同④。

国内不少学者也已经试图将生态理论应用到对产业结构相关问题的研究中。袁纯清认为经济学视角下的共生特指经济主体之间存续性的物质联系,这种物质联系在抽象意义上就表现为共生单元之间在一定共生环境中按某种共生模式形成的关系⑤;刘志迎和郎春雷认为以共生理论来分析,产业结构优化的

① Cote Raymond,Hall J. The Industrial Ecology Reader. Dallhousie University,School for Resource and Environmental Studies,1995.

② Gertler N. Industrial ecosystem:developing sustainable Industrial structures. *DisserLuion for Muster of Science* in Technology and Policy and Master of Science in Civil and Environmental Engineering, Massachusetts Institute of Technology,1995.

③ 李广明,黄有光:《区域生态产业网络的经济分析——一个简单的成本效益模型》,《中国工业经济》,2010 年第 2 期。

④ 刘明宇,芮明杰:《全球化背景下中国现代产业体系的构建模式研究》,《中国工业经济》,2009 年第 5 期。

⑤ 袁纯清:《共生理论——兼论小型经济》,经济科学出版社,1998 年。

过程实质上是产业共生模式不断演进为对称性互惠共生模式的过程，是共生界面不断优化的过程，也是共生效益不断增加的过程，产业结构的分析应该是以产业为共生单元，前向关联、后向关联和旁侧关联是具有代表不同方向性的共生关系的共生单元之间的联系，并以产品劳务联系、生产技术联系、价格联系、劳动就业联系、投资联系为依托连接各个产业[①]；胡晓鹏试图将共生原理引入产业经济理论，通过对产业共生理论内涵和基本特征的剖析，阐释了产业共生的行为模式、系统类型和基本问题[②]；肖忠东、顾元勋和孙林岩从工业生态学角度考察，认为一个共生体系中可分为以下三类产业，依次是：位于"工业食物链"最基础地位的前导产业、起承上启下作用的传递产业和位于工业食物链末端的下游产业。前导产业是最原始的供应者；传递产业既吸收前导产业所产生的工业剩余物，又将自身工业剩余物传递给下游产业；末端产业的产业资源、产品种类和生产工艺取决于上游产业，而其副产品以及剩余物则影响到外部自然环境。在此基础上，他们还探讨了共生产业之间生产规模的内在联系[③]；孔晓宏提出产业结构生态化是指在不同产业之间构建类似于自然生态系统相互依存的产业生态体系，要求参考自然生态系统的有机构成和循环原理，从而达到资源充分循环利用，并减少废弃物排放，最终消除对环境的破坏，逐步将整个产业结构对环境的负外部效应降低到最低限度。孔晓宏还认为与传统产业结构研究思路不同，产业共生非常强调环境的适应性和产业间的共生机理，一方面要借助数量化的主质参量指标来判别共生关系，

① 刘志迎，郎春雷：《基于共生的产业经济分析范式探讨》，《经济学动态》，2004 年第 2 期。

② 胡晓鹏：《产业共生：理论界定及内在机理》，《中国工业经济》，2008 年第 9 期。

③ 肖忠东，顾元勋，孙林岩：《工业产业共生体系理论研究》，《科技进步与对策》，2009 年第 9 期。

另一方面,需要深入到产业间物质、能量、信息传输的过程之中[1];周碧华、刘涛雄和张赫提出了产业共生缺口的概念,即当被动企业所接受的剩余物小于或等于主导企业提供的剩余物质,两者数量上的缺口将作为最终废弃物排放到自然界,将单个企业扩展到系统中的所有企业,累积的缺口也就是产业共生缺口,它表明一个产业共生体系完善程度的高低[2]。

### 1.3.4 综合述评

以上相关研究的成果无疑为本书关于生态经济视角下的产业结构优化研究奠定了坚实的理论和文献基础。通过从以上三方面的研究现状进行分析发现,学者们用不同方法,从不同角度论证了产业结构对经济增长的重要贡献,基于传统产业结构优化理论测算区域产业结构优化水平的研究也比较多。虽然这些研究多从产业结构合理化和产业结构高级化两方面进行评价,但是所建立的评价指标体系均不相同。也有不少学者认识到传统产业结构优化理论在当前经济发展目标下的局限性,强调资源、环境要素对提升产业结构优化的重要性,并将资源、环境因素引入产业结构优化评价指标体系。还有部分研究将产业共生等生态经济理论引入产业结构的研究中,但是这类研究受到卡伦堡的案例的影响,过多地着眼于企业间废弃物的再利用,忽视了产业共生对产业结构的作用和影响。创新一直被认为是实现产业结构优化的重要路径,但是鲜有学者分析生态创新对产业结构的作用机制。

以往相关研究的不足及其相互之间的分歧和没有涉及的重

---

① 孔晓宏:《发展循环经济是产业结构优化调整的有效途径——关于安徽产业结构优化调整问题的思考》,《学术界》,2010年第2期。

② 周碧华,刘涛雄,张赫:《我国区域产业共生演化研究》,《当代经济研究》,2011年第3期。

要领域,为本书的深入研究提供了契机和开拓的空间。在相关
成果及文献基础上,本书将对以下问题进行深入探讨:

(1) 根据当前的经济发展目标和产业发展趋势,从生态经
济的角度对产业结构优化的内涵进行重新界定。

(2) 探索产业结构优化与生态效益的关系,基于经济—生
态综合效益构建产业结构优化水平的测度指标,并对我国产业
结构优化水平的历史演变和省域水平进行比较。

(3) 根据产业共生和生态创新的基本属性,从生态经济视角探
索产业结构优化的实现路径。根据产业共生与生态创新的内在关
系,揭示产业共生与生态创新协同促进产业结构优化的作用机制。

## 1.4　研究内容、方法与技术路线

### 1.4.1　研究内容

本书共分 8 章,主要研究内容如下:

第 1 章首先分析研究背景,提出所研究的问题,阐明研究的
目的和意义,然后对国内外研究现状进行综述,并介绍本书研究
的主要内容和方法。

第 2 章在传统产业结构优化理论基础上,重新界定当前经
济发展目标下的产业结构优化的理论内涵,明确产业共生与生
态创新的相关理论,从而为生态经济视角下的产业结构优化的
路径分析奠定相应的理论基础。

第 3 章应用直接因素分解法和 Divisia 因素分解法分析产
业结构变动对生态效益的影响,并以中国的产业部门为例进行
实证研究。

第 4 章基于经济—生态综合效益,重新构建产业结构优化
水平的评价指标体系,并对中国产业结构优化水平的历史演变
和省域水平进行比较分析。为后面章节探索产业结构优化的实

现路径提供方向。

第 5 章根据产业共生的基本属性与特征,指出产业共生是实现产业结构优化的必然选择,并揭示产业结构优化的产业共生路径。

第 6 章根据生态创新的内涵与基本特征,指出生态创新是实现产业结构优化的必然选择,并揭示产业结构优化的生态创新路径。

第 7 章研究产业共生与生态创新的内在联系,揭示产业共生与生态创新协同促进产业结构优化的作用机制,并在第 5—7 章的基础上对产业结构优化路径实现提出相应的政策建议。

第 8 章对全书的主要工作进行简要的总结,提炼全书的创新点,对于有待解决的问题进行阐述并提出研究展望。

### 1.4.2 研究方法

本书的研究对象是产业结构,从生态经济视角探究产业结构优化的路径及作用机制,主要涉及相关经济变量或经济范畴之间动态的逻辑关系分析,因而,本书采用的研究方法主要有以下两种:

(1) 实证分析方法

本书强调实证分析的应用,并重视数据的搜集、整理和计量,充分运用相关数据资料进行量化分析,为理论研究提供实证检验,从而能够提高分析结论的科学性和准确性。具体的实证分析如下:本书第 3 章利用直接因素分解法和 Divisia 因素分解法,分析产业结构变动对生态效益的影响;第 4 章运用主成分分析方法,对中国产业结构优化的历史演变和省域水平进行比较分析;第 5 章以芬兰制浆造纸工业园为案例,分析产业结构优化的产业共生路径;第 7 章则构建共生度指标,对各产业不同时期的共生度进行比较,探索生态创新对产业共生的影响。

(2) 系统分析方法

产业结构是由众多产业所组成的,生态视角下的产业结构优化并不是产业间的线性投入产出关系,它更强调产业之间的有机联系,由产业之间的资源循环利用、信息交流、知识共享等特征来体现,这种有机联系会产生各产业效益总和之外的结构效益,推动产业结构优化水平的提高。本书将产业结构视为系统,分析这一系统的衡量标准,探索这一系统优化的实现路径和作用机制。

### 1.4.3 技术路线

本书主要沿着文献梳理—实证检验—路径探索—研究展望的研究脉络展开,具体的研究思路和研究框架如图 1-1 所示。

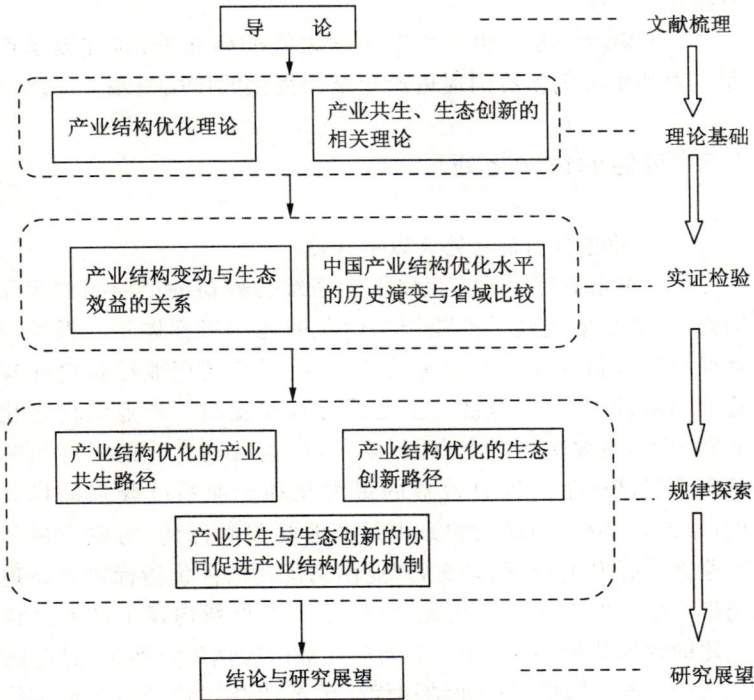

**图 1-1 本书的技术路线**

### 1.4.4 拟解决的关键问题

本书将基于传统的产业结构优化理论、产业共生和生态创新的相关理论，从生态经济视角对产业结构优化进行深入研究，在研究过程中拟解决以下几个关键问题：

（1）在当前经济发展目标下对产业结构优化的内涵重新进行界定，构建产业结构优化水平测度的评价指标体系。

（2）基于产业共生与生态创新的属性与基本特征，揭示促进产业结构优化的产业共生路径和促进产业结构优化的生态创新路径。

（3）揭示产业共生与生态创新之间的内在关系，并揭示产业共生和生态创新协同促进产业结构优化的作用机制。

## 1.5 可能的创新之处

本书可能的创新之处有以下几点：

（1）本书界定了含有经济—生态综合效益的产业结构优化的内涵，并据此构建了产业结构优化的评价指标体系。根据当前经济发展目标和产业发展趋势，指出了传统产业结构优化理论的局限性，并基于经济—生态综合效益提出了产业结构优化的新内涵，主要包括三个方面：第一，产业结构优化的最终目标是实现经济—生态综合效益的最大化和产业系统较强的稳定性；第二，产业结构优化的原则是产业间关联深化、协调发展和产业素质提升的原则；第三，产业结构优化的评价指标体系体现经济—生态综合因素。在此基础上，本书重新构建了产业结构优化的评价指标体系，并以中国产业部门为例进行实证研究。

（2）本书提出了产业结构优化的产业共生路径与产业结构优化的生态创新路径。产业共生通过废弃物再利用、内生媒介交流提升产业间协调能力，通过资源循环利用、共生效益提高资源的利用效率,通过增加产业系统的复杂性提高产业系统的稳定性,从而实现产业结构优化。生态创新通过生产前期工作、消费前期工作、跨部门合作、生命周期分析等生态创新活动诱导新兴产业成长,通过提高技术水平和生态效益来实现传统产业升级,从而实现产业结构优化。

(3) 本书揭示了产业共生与生态创新协同促进产业结构优化的作用机制。产业共生通过激发生态创新的活力,诱导对市场、组织、生产要素等的创新活动来促进生态创新的发展,而生态创新则通过转变产业共生模式和产业间共生度来推动产业共生的进化。产业共生与生态创新的这种协同促进关系进一步加强了产业结构优化的产业共生路径和生态创新路径,并最终实现了当前经济发展目标下的产业结构优化。

# 2  理论基础

本章全面总结了产业结构优化理论、产业共生相关理论和生态创新相关理论，为后文的研究奠定了理论基础。

## 2.1  传统产业结构优化理论

在产业经济学中，通常将产业定义为具有使用相同原材料、工艺技术或生产产品用途相同的企业集合，产业结构则是指各产业之间的组合、技术经济联系和比例关系，它是一个国家或地区的资源禀赋、经济制度、科技水平等多种因素共同决定的，是经济技术长期发展的结果。传统的产业结构优化是一个相对的概念，它并不代表产业结构水平的绝对高低，而是根据本国的资源条件、技术水平、经济发展阶段，通过调整产业结构来实现经济效益的最大化的过程，因此产业结构优化也是一个动态过程，是产业结构趋于合理和不断升级的过程。在一国或一个地区经济发展的不同阶段和不同的区域，产业结构优化有着不同的内容。但这并不表示产业结构优化是一个无法把握的概念，它有明确的研究目标、研究对象、研究措施和手段。已有的产业结构优化理论认为产业结构优化的目标主要是实现产业结构合理化和产业结构高级化，并最终实现经济持续快速增长。

### 2.1.1　产业结构合理化

#### 2.1.1.1　产业结构合理化的定义

产业结构合理化最早体现在古典经济学思想中,认为各产业之间必须保持一定比例协调发展,随后马克思提出了两大部类理论,里昂惕夫又应用投入产出方法对该思想做了更为深刻的阐述。目前我国学术界对产业结构合理化的内涵也存在不同的见解,并从不同角度对产业结构合理化进行定义,归纳起来可以分为以下4类:

（1）结构协调论强调"协调"是产业结构合理化的中心内容,这里的"协调"并不是指产业之间的绝对均衡,而是指产业之间具有较强的互补和转换能力。这里所说的协调涉及产业间各种关系的协调,包括:① 产业素质协调,即产业间技术水平和劳动生产率的协调情况;② 产业地位协调,即各产业是否形成了有序的排列组合;③ 产业之间联系方式的协调,即产业之间能否做到相互服务和相互促进;④ 供给和需求在结构和数量上的协调情况。

（2）资源配置论强调产业结构是经济系统的资源转换器,其功能就是对输入的各种生产要素转换成不同的产出,研究者从各种资源在产业之间的配置结构和利用的角度来考察产业结构的合理化程度。合理化的产业结构能够体现在对已有资源的充分利用,不存在闲置和结构性浪费,并且各种资源的多种用途都被极大地开发和利用。

（3）结构功能论强调产业结构的功能作用,并以功能的强弱来评判产业结构合理化程度。此类学者认为产业之间存在着较高的聚合质量,使得因产业之间内在的相互作用而产生的效益高于各产业效益之和。产业之间的聚合质量越高,产业结构的整体能力越高,从而产业结构就越合理。

（4）结构动态均衡论强调从动态的角度衡量产业素质和结构的均衡性。代表性观点认为,产业结构合理化是产业之间协调能力和关联水平不断提高的动态过程。

以上各种定义,都强调了产业之间关联水平的提高和协调能力的增强。推进产业结构合理化,要求根据已有的资源禀赋、技术条件、经济发展水平等因素,对初始不合理的产业结构进行调整,使各种资源在产业之间合理配置、有效利用,并产出最大的经济效益。

**2.1.1.2 产业结构合理化的评判标准**

由产业结构合理化的定义可知它是一个相对的概念,通常需要通过纵向和横向比较才能进行评价,因此,要确定产业结构合理化的评价指标,首先要选取参照系,并要求其具有可比性。另外根据产业结构合理化的核心思想,评价指标还需要遵循以下原则:各种资源得到充分利用;各产业部门协调发展;最大限度满足最终需求;能充分吸收和转化先进的科技成果;等等。鉴于此,已有的教科书和文献对产业结构合理化的定量评价主要从以下几方面展开:

(1)"标准结构"比较法

"标准结构"比较法是指在大量历史数据的基础上通过实证分析寻找的一般规律,比较经典的参照系有:钱纳里的"标准模式"、库兹涅茨的"标准结构"、"钱纳里—塞尔昆模型"等,其使用方法就是将某一国或者某一地区的产业结构与参照系中的产业结构进行比较,以检验其是否合理。值得一提的是,各个国家或地区的具体情况不尽相同,使得它们对产业结构的要求也不同。有些学者认为这些所谓的"标准结构"在条件大致相同、时间较为相近的情况下才具有一定的借鉴意义,但是也只能为产业结构合理化研究提供一些粗略的线索,而不能成为产业结构合理化判断的唯一根据。

(2)反映各产业间关联和协调程度

正如结构协调论的研究者认为,这里的"协调"包括产业素质、产业地位、产业关联方式等方面的协调,因此有关协调的指标设计也主要围绕上述方面展开,诸如:比较劳动生产率,用某一产业产值占总产值的份额与该产业劳动力占社会总劳动力份额的比来衡量;基础结构完善系数,用基础结构固定资产净值与固定资产净值的比来表示;影响力系数和感应度系数,均用投入产出分析方法来比较各产业生产活动变化时对其他产业生产活动产生的影响,或受其他产业生产活动影响的程度等等。

（3）反映产业结构是否满足最终需求

这方面的指标应用比较多的是需求收入弹性和生产收入弹性,需求收入弹性用某一商品需求增加率与人均国民收入增加率之比来表示,而生产收入弹性用某一商品生产率增加率与人均国民收入增加率之比来表示,当需求收入弹性与供给收入弹性相等时,则表示此时的产业结构能够满足此时的社会最终需求。但是这种情况一般很难出现,因此可以通过判断两者的差值大小、调节速度等来判断产业结构对最终需求的满足程度。

当然,现有的研究中关于产业结构合理化的指标远不止上述这些,但是鉴于对产业结构合理化内涵理解的差异或研究者对数据资源获得局限等原因,产业结构合理化评价并没有形成统一的指标体系,也没有实现对所设计的所有指标体系的定量应用,有些研究者出于研究的便利,甚至将指标精减为一个。而不同的指标选择往往造成不一致的评价结果,因此,确定一个客观合理的评价指标体系,无疑对准确评价产业结构的合理化水平具有重要的意义。

### 2.1.2　产业结构高级化

#### 2.1.2.1　产业结构高级化的内涵

产业结构高级化也时常被研究者称为产业结构高度化和产业结构高效化,是指产业结构在技术进步、需求拉动、竞争促发等动因的作用下向更高一级演进的过程。它与产业结构合理化一样,也是一个相对的、动态的概念,它是针对某区域一定的经济发展阶段和生产力水平而言的,是一个由量变到质变的过程,比如,以农业为主的产业结构转变为以工业为主的产业结构意味着产业结构高级化,以生产初级产品为主的产业结构向生产高级产品为主的产业结构同样意味着产业结构高级化。

产业结构高级化要求主导产业和支柱产业能尽快实现成长、更替,打破原有的相对均衡的低水平的产业结构,实现个别高技术、高效率产业快速发展并依次带动其他相关产业的发展,进而提升产业结构整体水平。一般来说,产业结构高级化包括以下几个方面的基本内容:

(1)从产业素质看,各产业部门广泛引用新技术,产出能力和效率得到不断提升,实现产业结构的升级换代,即不适应经济发展阶段的旧产业被淘汰,引领产业结构升级的新兴产业兴起和壮大,发展成新的主导产业。

(2)从结构演进方向看,体现在产业结构从第一产业为主依次演变为以第二产业为主、以第三产业为主的方向发展;由劳动密集型产业为主依次演变为以资本密集型和技术密集型产业为主的方向发展;以生产初级产品的产业为主向以生产高级复杂产品为主的产业过渡。

(3)从结构开放度看,产业结构不再是固步自封地维持已有的均衡发展,而是不断提高产业结构的开放度,通过技术引进、国际投资和贸易等方式实现产业系统与其他区域的物质能量交换,提高产业系统对外部环境的适应性,提升整体竞争力。

2.1.2.2  产业结构高级化的衡量指标

针对产业结构高级化内涵的要点,研究者设计了以下几类可以进行定量计算的指标:① 技术化指标:一般通过计算和比较高新技术产业产值、销售收入等在制造业或全部工业中所占的比重来衡量,还有学者用全要素生产率来衡量技术进步对国民经济总产值的总贡献率。② 服务化指标：也被称为产业结构"软化"。随着经济发展，第三产业（劳动力）占国民经济总产值（劳动力）比重的不断增加是一个重要趋势，体现经济服务化水平，不少研究者直接用该指标进行区域和国际比较，以体现各地区的产业结构先进水平。③ 加工度指标：加工度的不断深化体现了技术和知识的密集程度，也降低了工业发展对资源、能源的依赖度，促进产业结构向减物质化方向发展，通常用加工工业产值占全部工业总产值的比重或加工工业产值与原材料工业产值比重来衡量。④ 开放度指标：通常用工业制成品进出口总额占总产值的比重、主要制成品进出口单价比值等指标来衡量。从已有的文献中可以发现，除上述指标外，对产业结构高级化衡量的指标还包括高信息化、高附加值化等方面，与产业结构合理化一样，由于各研究者对产业结构高级化的理解或研究的侧重点不尽相同，所选择的指标也有所不同。

### 2.1.3　产业结构高级化与合理化之间的关系

产业结构合理化与高级化是产业结构优化中的两个关键点，两者通过协同演进共同实现产业结构优化的最终目标。一般认为，产业结构合理化是产业结构高级化的基础，任何脱离的合理化而实现的产业结构高级化都是一种虚高现象，而产业结构高级化是将已有的产业结构推向更高层次的合理化，因此，产业结构的合理化与高级化是互相作用、互相渗透的。与产业结构高级化相比，产业结构合理化是要求一国或一个地区的产业结构能与该区域的经济发展水平相匹配，并在产业结构内部实现产业间数量、质量、地位多方面的协调，更关注当地经济发展的短期利益。而产业结构高级化反映的是产业结构升级的要求，要求产业结构能够符合经济发展趋势，实现产业结构在技术化、服务化、加工度化方面的升级，因此它更关注产业结构未来的竞争力。

有学者提出产业结构高级化与产业结构合理化的协同演化过程可以较好地用大道定理来阐述。从图 2-1 中可以看到,产业结构优化水平是随着经济发展水平的提高而不断升级的。产业结构合理化阶段经济增长一般是均衡的,大道 1 代表经济发展水平较低阶段的产业结构合理化,而产业结构高级化阶段由于技术水平发生变化,使得各产业发展的速度出现了差异化,产业地位出现了变更,因此出现经济的非均衡增长。由于产业之间的相互关联性,最终会使国民经济各产业的发展速度趋同,实现较高水平上的产业结构合理化,如大道 2。因此,大道定理所描述的产业结构优化是产业结构从较低水平的相对均衡转向更高水平的相对均衡的过程,并且非均衡的时间和路径越短越好。

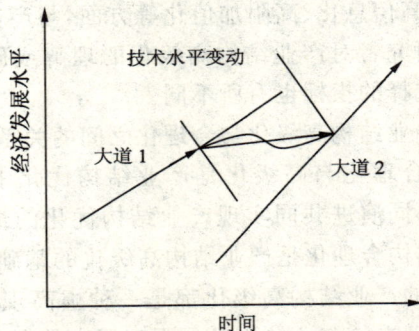

**图 2-1　经济增长与结构转变**

### 2.1.4　传统产业结构优化理论的局限性

传统的产业结构优化理论从产业结构合理化和产业结构高级化两个维度来解释产业结构优化的目标及评价标准。从已有的研究成果可以发现,在当前的经济发展目标下,传统的产业结构优化理论存在一定的局限性,主要表现在以下几个方面:

(1) 传统产业结构优化理论不能实现经济和生态效益统一的最终目标。产业结构合理化强调通过产业之间的关联和协调实现更多的经济效益；产业结构高级化认为产业结构的高技术化、高服务化、高加工度化是产业结构升级的标志。由此可见，传统产业结构优化理论将经济的持续快速增长作为最终目标，仅将资源禀赋作为前提条件，并且不考虑产业结构变动对环境的影响，更没有将生态效益作为产业结构优化的最终目标之一，所以是有悖于当前的经济发展目标的。

（2）原有的评价指标不能准确衡量当前经济发展目标下的产业结构优化水平。现有的教科书和相关文献对产业结构优化水平的测定主要围绕产业结构合理化和产业结构高级化两方面来进行指标的选择和评价，最大的区别在于指标体系选择的不同，无论是单一指标还是多指标体系基本都以能否实现更高的经济效益来评价产业结构优化水平。因此，在当前的经济发展目标下，原有的评价指标体系有一定的片面性。

（3）传统产业结构优化理论不能有效地解决当前产业结构的内在矛盾。产业结构内在矛盾主要是指各产业之间供需不协调和发展不平衡，当前的资源环境问题已经成为引发产业结构内在矛盾的重要原因之一。资源的日益耗竭，从源头上影响了各产业原材料供给的稳定性，而为保护环境所公布的污染排放相关政策又增加了各产业的生产成本，从而加剧了各产业发展的不平衡性和不协调性。原有的产业结构优化理论以经济效益为最终实现目标，对于资源环境问题所引起的产业结构内在矛盾显得无能为力。

### 2.1.5　产业结构优化内涵的重新界定

鉴于传统产业结构优化理论的局限性，本书对产业结构优化提出了新的内涵，主要包括以下三方面：

（1）产业结构优化的最终目标是实现经济—生态综合效益的最大化和产业系统的动态稳定性。

产业结构作为经济结构调整的重要部分，是加快转变经济发展方式的主攻方向,因此其最终目标必须符合当前的经济发展要求和产业发展趋势。也就是说产业结构优化不能仅仅关注经济效益,也不能为了实现生态效益而放弃经济效益,而应该实现经济效益和生态效益的统一。

产业系统的动态稳定是实现可持续发展的基本要求,因此产业结构优化需要产业结构能够符合产业系统所处的环境,与当前的经济发展水平相匹配,能满足最终需求,并能够对最终需求的变化及时地做出反应,能够抵挡资源价格波动、制度变动等外在因素的冲击,为各产业发展提供良好的生存环境,为产业系统的成长提供保障。

(2)产业结构优化的原则是产业间关联深化、协调发展和产业素质提升的原则。

产业之间的关联水平和协调能力是产业结构合理化的核心内容,当前经济发展目标下的产业结构优化要求产业间的关联关系不再只是上下游产业之间线性的物质投入产出关系,而是一种类似于自然界生物体之间有机的联系,产业间关联关系得以深化,通过产业间资源的多级递进和循环利用,在产业系统内实现闭环模式。产业间的协调能力是指产业间供需数量、技术水平和生产率实现协调的能力。产业间关联关系的深化决定了其协调能力提升,废弃物、副产品交换以及产业间的技术合作、知识共享等途径都能够加强产业间的协调发展。

产业素质是实现产业结构从低级向高级演进的关键要素,它决定产业系统的质量。产业结构优化目标的变更要求各产业实现生态转型,从根源上改变粗放型经济增长方式。因此,产业素质提升也要求符合产业结构转型的方向,以实现经济—生态综合效益为目标进行各种创新活动。

(3)产业结构优化的评价指标体系体现经济—生态综合因素。产业结构优化是一个动态的过程,在一国经济发展的不同阶段,产业结构优化的衡量标准也有所区别。当前的经济发展目标要求产业结构优化水平的测度指标必须包含经济—生态的综合因素,包括体现产业结构生态化、合理化和高级化的相关指标。

## 2.2 产业共生相关理论

"共生"源于希腊语,最早是在 1879 年由德国真菌学家德贝里提出的。生态学中的"共生"指的是由于对生存的需要,两种或多种生物之间按照某种模式相互依存,形成共同生存、协同进化的共生关系。自然界的生物共生通常是基于"互利"的前提,通过物质、能量和其他信息的交换,建立起物质的共享以及空间的共栖。随着各学科的发展与相互渗透,共生现象不再只是生物学的专有名词,到 20 世纪中叶,共生理论与方法开始被应用于经济领域,如今共生理论在经济学中的适用边界被经济学者们不断拓展,对其研究也越来越深入。

### 2.2.1 产业共生的内涵

产业共生是将产业研究纳入到共生理论的分析框架,是产业生态系统的重要特征和实现途径[①]。早在 19 世纪的文献中,便有人发现了有关废弃物利用的记载,诸如烟囱废热等特定副产品再利用,但直到 1947 年,George 才在国际杂志《经济地理》上第一次用"产业共生"这个词来描述不同产业之间的有机关系,并且在文中明确指出了这种有机关系包括了一个产业的废弃物如何作为另外一个产业的原材料来进行使用。1989 年,位于密歇根的通用汽车研究实验室的 Robert Frosch 和 Nicholas

---

[①] Lifset R. Industrial Metaphor, A Field, and A Journal. *Journal of Industrial Ecology*, 1997(1).

Gallopoulos 发表了《制造业的战略》，文章指出，未来的产业应该全方位地对资源开展循环使用而非一次性使用[①]。近二十年，国内对产业共生和工业生态园的相关研究层出不穷。

从查阅文献发现，已有的研究多是从企业视角研究定义产业共生，对于产业共生内涵的理解也大同小异，正如 Engberg 在《丹麦产业共生》一书中定义：产业共生是指不同企业之间的合作，通过这种合作来共同提高企业的生存和获利能力，并同时实现对资源、能源节约和环境保护，它不仅关于共处企业之间的资源共享、废弃物流集中和物资、能量交换[②]，甚至还包括技术创新、知识共享和学习机制等全面合作关系[③]。在国内最早提出产业共生概念的是袁纯清，他认为产业共生特指经济主体之间存续性的物质联系，这种物质联系在抽象意义上就表现为共生单元之间在一定共生环境中按某种共生模式形成的关系[④]。国内学者对产业共生的内涵界定主要分为两类：一是指同类产业与相似产业业务模块由于某种机制所构成的互动、协调的发展状态，另一种是不同类产业由于一定的经济联系在一定的组织内出现互动、融合的状态，一般把前者视为狭义的产业共生，把后者视为产业内共生[⑤]。值得一提的是，目前对产业共生乃至产业生态学的研究常常局限在卡伦堡模式下，导致了产业共生过多地着眼于企业之间合作关系，并且有将产业共生狭隘地

---

[①] Frosch R A, Gallopoulos N E. Strategies for Manufacturing. *Scientific American*, 1989, 261 (3).

[②] Lamher A J D, Boons F A. Eco-industrial Parks: Stimulating Sustainable Development in Mixed Industrial Parks. *Technovation*, 2002 (22).

[③] Ehrenfeld J. Industrial Ecology: A New Field or Only A Metaphor? *Journal of Cleaner production*, 2004(12).

[④] 袁纯清：《共生理论——兼论小型经济》，经济科学出版社，1998年。

[⑤] 胡晓鹏：《产业共生：理论界定及其内在机理》，《中国工业经济》，2008年第9期。

看成是"废弃物和副产品交换"的危险,而事实上产业共生所涉及和涵盖的范围远不止此,卡伦堡提供的一个重要信息是,实现经济可行和环境友好的一个关键条件是要优化利用流经产业系统的所有资源。

### 2.2.2　产业共生的特征

(1) 群落特征。"共生"一词源于生物学概念,它强调物种之间的依存关系,产业共生也具有类似于生物群落的特征。共生产业时常表现在一特定区域范围集聚,工业生态园中各企业基本上呈群落分布,这种群落分布有利于产业内部和不同产业间的信息交流以及废弃物和副产品的交换。任何一个群落都不是亘古不变的,随着环境的变化,新的群落形态会取代原有的群落形态。例如,从裸岩到森林就依次经历了地衣阶段、苔藓阶段、草本植物阶段、灌木阶段和森林阶段。产业共生模式也会随着外部硬环境与软环境的改变,从低级向高级进行演替,逐步趋于优化。

(2) 产业关联性。产业共生模仿食物链中物种之间的物质和能量的循环,把传统的"资源→产品→废弃物"的单向流动的生产过程转变成"资源→产品→再生资源→再生产品"的闭环生产过程。这就要求产业系统内各产业之间必然存在较强的关联性,这种关联性既包含了上下游产业之间基本的物质投入产出关系,也包含了产业间废弃物及副产品的循环再利用,并且还需要考虑系统内各产业共生体的资源需求程度和废弃物量的接纳能力,任何一环节的不协调,都有可能造成共生体"食物链"的失控,正如生物学中的"最小法则"①。

---

① 1840 年,德国化学家利比希(Liebig)开创性地研究了各种因素对作物生长的作用,提出了"最小法则"(law of the minimum),即植物的生长依赖于那些数量不足的营养物质。如农业生产中,磷是经常缺乏的一种元素,所以使用磷肥就成了提高作物产量的措施之一。

（3）系统内部复杂性。产业共生体内部结构复杂，各产业为了实现产业共生关系，一方面要寻找本产业的废弃物能否被利用、怎么被利用，另一方面要考虑将其他产业的副产品或者再生资源作为本产业原材料的可能性，并且这种共生关系并不是一成不变的，会随着技术进步等外部环境的变化而变化。

（4）系统的增值性。共生理论中强调任何的共生都能产生增值效益，产业共生体的目标是在减少环境污染、节约资源能源的基础上实现产业间的互利共赢，使经济效益和生态效益有机地结合起来。从发达国家的一些成熟的产业共生系统的发育过程来看，大多是在市场不断发展的条件下自发形成的，系统内各产业都在互利共生中得到了好处，从而总效益得到增加。

### 2.2.3　产业共生的要素

产业共生是由共生单元在一定共生环境下按照某种模式构成的共生关系的集合，主要包括三个要素：共生单元、共生模式和共生环境。

共生单元是指构成共生体或共生关系的基本能量生产和交换单位，它是形成共生体的基本物质条件。从经济领域角度看，共生单元是多样的，有企业层次的，也有产业层次的，还有区域和国家层次的。

共生环境是指共生单元以外的所有因素的总和所构成的环境。共生模式存在的环境是多重的，不同种类和层次的环境对共生模式的影响也是不同的。按照影响方式的不同，可分为直接环境和间接环境；按照影响程度的不同，可分为主要环境和次要环境。

共生模式又称共生关系，是指共生单位之间互相作用的方式和结合的形式，它反映了共生单元之间作用的方式和作用的强度，也反映了共生单元之间物质信息交流关系和能量互换的关系。在共生要素中，共生单元是基础，共生环境是外部条件，并且两者都存在着一定的固有性,共生模式相对比较容易调控亦是共生要素的关键,因此是研究的核心。

### 2.2.4 产业共生的模式

按照产业之间的相互关系和共生单元之间的利益关系,可以将产业共生模式分为以下几类:

(1)共栖互利型产业共生

这类产业共生是指两个或多个产业之间不直接竞争,也不相互抑制,而是通过优势互补、互利共存的方式组成利益共同体,共生的产业都能够在相互的物质、能量交换中获利。产业间链条相对比较稳定,没有主动和被动产业之分,物质和能量也在这种共生关系中进行类似于生物界的封闭的循环再利用。

(2)寄生型产业共生

在这种产业共生中,一种产业依附于另一种产业,前者称为寄生产业,后者称为寄主产业,寄生产业寄居在寄主产业的系统之内,与其组成一个有机联系的系统。寄生产业获取寄主产业的废弃物或者副产品并以此作为自身所需要的原材料,减少了寄生产业对资源、能源的摄取,同时也降低了寄主产业对环境影响的程度。寄生产业与寄主产业之间,存在产业地位的差别,寄主产业为寄生产业提供生存和发展的环境,提供成长所需的物质条件,因此寄主产业的成长能促进寄生产业的发展,同时寄生产业能改变寄主产业废弃物和副产品的价值,并进行物质或价值的重新分配,也能不断改善寄主产业的生存发展环境。此种产业共生系统下,物质、能量是从寄主产业单向流入寄生产业,产业之间的寄生关系也比较稳定。

(3)偏利型产业共生

这是一种从寄生型共生向互利型共生转换的类型,在这种产业共生中的产业具有明显的利他倾向,并且这种利他倾向并不影响其自身的成长与发展。在偏利型产业共生中,共生体中的一方获利,另一方没有受到伤害,也没有获利或者获利较少。这种共生关系有利于获利方产业的进化和发展,但是对非获利方的产业也没有抑制作用。偏利型产业共生与寄生型产业共生的区别在于,偏利型产业共生产生新的价值,并且所产生的价值基本由一个产业全部获得,而寄生型产业共生不存在新价值的创造,而是对已有物质、价值进行重新分配;再者寄生型产业共生之间的物质流、信息流和价值活动是单向流动的,而在偏利型产业共生中是双向流动的。

(4)混合型产业共生

上述的几种产业共生的模式是从复杂产业系统中剥离出来的几种较为典型的模式。但事实上,经济系统是一个复合的高级生态系统,比自然生态系统更为复杂,因而产业之间的共生关系很难进行明确的划分。在一个产业系统内,各产业之间的关系可以是互利共生的,可以是寄生的,也可以是以上几种模式并存的混合型产业共生关系。

## 2.3 生态创新相关理论

### 2.3.1 生态创新的定义

自 20 世纪 60 年代起,生态化先后经历了末端治理、清洁生产、产业生态化和产业生态系统四个阶段。而"创新"的作用在每个过程都受到了关注,并产生了绿色创新、环境创新、可持续创新、生态创新等相关术语,这些术语的内涵大体是一致的。Fussler 和 James 首次提出了生态创新的定义,它认为生态创新是显著减少环境影响并能给顾客和企业增值的新产品和工艺[1]。

---

① Fussler C, James P. *Eco-innovation: A Break Thorough Discipline for Innovation and Sustainability*. Pitman, 1996.

欧盟于 2007 年在"竞争力与创新框架研究项目"中设立了生态创新专题,该项目将生态创新定义为:组织机构对生产过程、新产品、管理、服务或经营方法的生产、采用或开发行为,与其他方法比较,这些行为能够在整个生命周期内有效降低环境污染、风险,并避免资源利用过程中的负面效应①,此后 OECD 和奥斯陆手册对生态创新的定义基本与此一致②。因此,已有的对生态创新的定义都强调了"创新"和"环境收益"这两个关键词。

但是对生态创新的概念至今仍有两个颇为争议的话题,一是生态创新的动机问题,该项创新是"有意"还是"无心"的?欧盟成立的生态创新专题和 OECD 都认为生态创新注重的是创新的结果而不追究动机,但有学者担心这样会把所有的创新都囊括在生态创新的范围中③,事实上,迄今为止对生态创新一直保留较为宽泛的定义是由于缺乏常规的度量指标和统计数据,研究中更多针对事先带有"环境"标签的创新,而对那些无意的或者间接的生态创新难以甄别,因此人们很难将生态创新从创新中剥离出来。二是生态创新是否包含了末端治理,有些学者认为只要那些新的或者改进的产品、设备仪器或是生产流程、技术、管理系统能够避免、降低环境的污染,就可以被认为是生态创新,无须考虑是否影响经济收益④,因此这样看来清洁生产可以算作是生态创新。但是还有学者认为生态创新能够获得经济、生态综合效益⑤,而

① Arundel A,Kemp R. Measuring Eco-innovation,UNN-MERIT Working Paper Series,2009.

② OECD. Sustainable Manufacturing and Eco-innovation. OECD,2009.

③ Cleff T,Rennings K. Determinants of Environmental Product and Process innovation. *European Environment* ,1999(9).

④ Kemp R,Arundel A. Survey Indicators for Environmental Innovation. IDEA Report,STEP Group, 2008.

⑤ Horbach J. Determinants of Environmental Innovation-new Evidence from German Panel Data Sources. *Research Policy*, 2008(37).

末端治理在实现生态效益的同时需要消耗经济成本,自然就不属于生态创新了。这两个问题在生态创新的定义中还没有获得学术界的一致回答,为生态创新研究对象的界定带来了一定的差异。

要正确理解生态创新的定义,还必须明确它与创新的区别。从二者的过程中看,生态创新与创新没有太大的区别,都包含了创新从研发到生产扩散的过程,因此,生态创新与创新具有同样的影响因素[①]。生态创新与创新的不同点主要表现在三个方面:一是生态创新的双重外部性,也就是说生态创新不仅具有创新所能带来的经济外部性,还具有环境外部性,这是由于生态创新在传播的过程中,将环境负面效应内部化而带来正面的溢出效应[②];二是市场拉动和技术推动效应的特殊性,现有的研究普遍认为,消费者需求对于生态创新的激励不够,消费者从本质上不大愿意为环境改善而支付更多,市场拉动通常还要借助于规章、税收等环境政策,技术推动对生态创新的作用比较明显,但是普遍存在单位产品所带来的生态效益被产品使用量的增加而抵消,所以使得总污染量并没有因为生态创新而减少,由此可见生态创新在驱动力方面与创新是有区别的;三是制度重要性不同,一般创新在研究开发阶段的技术推动作用比较明显,而在扩散阶段,市场的拉动表现得更加显著,但是由于很多生态创新的动机是有心还是无意难以确定,加上在扩散阶段时常需要环境政策加以约束[③],因

① Sandra R, Stelios Z. Determinants of Environmental Innovation Adoption in the Printing Industry: The Importance of Task Enviorment. *Business Strategy and the Enviornment*, 2007, 16(1).

② Rennings K. Redefining Innovation-eco-innovation Research and the Contribution from Ecological economics. *Ecological Economics*, 2000, 32.

③ Taylor M. Beyond Technology-push and Demand-pull: Lessons from California's Solar Policy. *Energy Economics*, 2008, 30(6).

此制度对于生态创新与一般创新的重要性不可同日而语。

### 2.3.2　生态创新的分类

目前国内外学术界已有较多关于生态创新的分类,包括基于研究对象、创新强度、环保方式等方面的分类。

（1）按照对象分类

熊彼特将创新定义为在生产体系中引入新的生产要素或者新的生产条件,主要包括技术创新、市场创新和组织创新。因此一般创新主要着眼于产业生产活动,然而生态创新不仅着眼于产业的生产活动,还包括家庭和其他组织,因此生态创新还包括制度创新和社会创新。

（2）按照创新强度分类

按照创新强度,学者们将生态创新分为渐进性生态创新和突破性生态创新。据相关的调查表明,大部分的生态创新仍然是渐进性的,突破性生态创新的比例只有 25% 左右[1]。有学者认为这样的速度要实现可持续发展目标是不可能的,因此要在产品设计、生产过程、商业运营模式、生产体系、消费体系乃至社会和制度上都要大力推广突破性生态创新。

（3）按照环保方式分类

按照环保方式分类,生态创新可分为生产过程生态创新、产品生态创新和系统生态创新。其中生产过程生态创新大多是渐进性创新,主要通过源头节源、清洁生产、废弃物循环、全过程控制等手段来实现新生产工艺的技术开发、生产过程的整合优化、管理模式的改进和产业组织变革,一般能使生态创新的效益提升 2~4 倍;产品生态创新主要是针对产品或者服务,运用 LCA 分析、产品生态设计、产品政策体系等手段实现熊彼特所说的创

---

① Hellstrm T. Dimensions of Environmentally Sustainable Innovation: The Structure of Eco-innovation Concepts. *Sustainable Development*, 2007(15).

新的五种情况,并且带来产品生命周期内的环境最优化的效果。这种生态创新包含较多的突破性创新,因而能使生态效率提高4～8倍;系统生态创新运用产业生态学,采取可持续发展、循环经济、可持续消费和低碳经济等手段,针对可再生资源的供应体系、生产和消费体系以及社会政治体系实现除产品生态创新以外的环境效益的整体改善和资源利用效率的提升,这种生态创新能使得生态效率提高8～50倍,实现可持续发展的终极目标。

生态创新的分类还包括尺度分类,例如企业、行业、区域经济,分别进行产品创新、组织创新和社会制度创新等。

## 2.4  本章小结

本章全面总结了产业结构优化理论、产业共生相关理论和生态创新相关理论,为后文的研究奠定了理论基础。

(1)产业结构优化是一个相对的概念。它是指根据本国的资源条件、技术水平和经济发展阶段,通过产业结构调整实现经济效益最大化的动态过程。产业结构优化的两个核心基点是产业结构合理化和产业结构高级化。产业结构合理化的核心内容是产业之间关联水平的提高和协调能力的增强,产业结构高级化指在技术、需求、竞争等因素下实现产业结构从较低水平的合理化向较高水平合理化转换的过程。评价产业结构合理化和产业结构高级化的指标很多,并且尚未形成统一的指标体系。但是笔者认为,产业结构合理化的评价指标需要体现生产要素的协调水平和产业间的关联水平,而产业结构高级化的评判指标则主要体现产业结构高技术化、高加工度化、高服务化等方面的水平。产业结构合理化与产业结构高级化之间是相互作用、相互渗透的,产业结构合理化是产业结构高级化实现的基础,产业结构高级化则实现产业结构合理化从低水平向高水平的转换。

基于当前的经济发展目标和产业发展趋势,本书指出了传统产业结构优化理论的局限性,主要包括三个方面:传统产业结构优化理论不能实现经济和生态效益统一的最终目标;原有的评价指标体系不能准确客观地评价当前经济发展目标下的产业结构优化水平;原有理论不能有效解决当前产业结构的内在矛盾。鉴于此,本书将对产业结构优化内涵进行重新界定,包括三个方面:产业结构优化的最终目标是实现经济—生态综合效益的最大化和产业系统较强的稳定性;产业结构优化的原则是产业间关联深化、协调发展和产业素质提升的原则;产业结构优化的评价指标体系体现经济—生态综合因素,包括体现产业结构合理化、高级化和生态化的指标。

（2）产业共生是产业生态学的重要概念。它是指企业或产业之间的通过各种共生模式,实现经济和生态的综合效益。国外对于产业共生的研究多停留在工业生态园的层面,并且受到卡伦堡模式的影响,较多地着眼于废弃物与副产品的交换。产业共生的核心思想是优化和利用流经经济系统的所有资源。产业共生具有群落特征、产业关联性特征、系统内部复杂性特征和系统增值性特征。产业共生由共生单元、共生模式和共生环境三个要素组成,依托共生理论,学者们将产业共生分为共栖互利型产业共生、寄生型产业共生、偏利型产业共生、混合型产业共生等几种模式。互利共生模式是产业共生中最被推崇的模式,指共生单元通过优势互补、互利共存的方式组成利益共同体。

（3）生态创新是在生态化过程中发展起来的,它是指组织机构对生产过程、新产品、管理、服务或经营方法的创新能有效避免资源使用过程中的不利影响,降低环境污染,因此"创新"和"环境效益"是生态创新的两个关键词。对于生态创新的概念还有两个方面存在争论,一是关于生态创新的动机,笔者认为生态创新只关心创新的结果是否带来了生态效益的增加,而不关心该项创新是"有心"还是"无意"的；二是生态创新是否包括末端治理的过程，笔者认为只要末端治理的成本没有超过生态效益，就可以被纳入生态创新的范围。经济和环境的双重外部性是生态创新与创新的最大区别。

　　传统的产业结构优化理论仅仅将资源作为研究的前提条件，并只考虑结构变动对经济效益的影响，而当前的经济发展方式的转变对产业结构优化提出了新的要求。在中国工业化阶段，产业结构的变动对生态效益产生了怎么样的影响，如何借鉴产业共生和生态创新的思想来实现产业结构优化是本书后续研究的内容。

# 3 产业结构变动与生态效益的关系

## 3.1 生态效益的内涵与评价指标

### 3.1.1 生态效益的内涵

《辞海》中对"效益"的解释是:效果及利益。"经济效益"早于"生态效益",出现于 20 世纪 80 年代初期。异同曾发表论文强调经济效益的内涵,他认为经济效益是经济效果与经济收益的复合词,而经济效果一般被作为经济效率的同义词①。因此他认为经济效益的本质即是经济效率,要增加经济效益就必须提高经济效率,提高经济的投入产出比。生态效益是由企业可持续发展委员会(BSCD)于 1992 年首次提出的,该委员会对生态效益的定义为:生态效益是通过提供具有竞争力价格的商品与服务来实现的,这些商品和服务在满足人们需求与提升生活品质的同时,逐步降低其生命周期对于生态的冲击与对资源的消耗强度,使之至少与估计的地球承载能力相当。现在的经济学家将生态效益从企业层面延伸到了产业、国家等层面,其核心的理念不变,即各主体在社会经济活动中,通过影响生态系统的诸要素及整个生态系统的平衡,所产生的对人类生存和发展有益的效果。与经济效益相对应,笔者同样认为生态效益的本质

---

① 异同:《正确理解经济效益,促进经济发展》,《经济研究》,1993 年第10 期。

是生态效率。

曾有学者认为经济的增长必然消耗资源、排放废弃物,因此生态效益与经济效益是一种对立统一的关系,笔者认为产生这种观点的主要原因是将生态效益狭隘地理解为通过末端治理的方式来修复环境问题,因此必然耗费经济成本,从而降低经济效益。在可持续发展目标下,生态效益更强调通过改进生产方式来提高生产中的资源使用效率,减少环境污染。因此,可以说生态效益是经济效益得以持续获得的基础,要实现生态效益并不是要求完全的零开采和零排放,而是要求人们在经济活动的过程中,遵守生态规律,重视经济与生态的协调发展。

### 3.1.2 生态效益的评价指标

生态效益概念的产生虽然已有 20 余年,但是对于生态效益的评价也是一个一直处于争论的课题。目前国内外对于生态效益的评价主要围绕三个主要目标:降低对资源的消耗、减轻对环境的影响、提高产品或服务的价值。德国环境经济账户中所设计的生态效益方面的指标主要包括土地、能源、水、原材料等自然资源的使用数量,以及温室气体、酸性气体等向大气排放的污染物的数量[①]。学术界对生态效益的评价从评价对象上可以分为:企业层面、行业层面和区域层面,对于行业生态效益的评价特别关注能源消耗和大气污染[②],从评价指标上也包括资源消耗、环境污染的总量评价和效率评价。笔者认为,效率评价更能真实反映生态效益的本质,具体指标主要包括各种资源、能源的消耗强度和废气、废水、固废等污染排放强度。

---

① Höh H,Schoer K,Seibel S. Eco-Efficiency Indicators in German Environmental Economic Accounting. *Statistical Journal of the United Nation Economic Commission for Europe*,2002,19.

② 路正南:《产业结构调整对我国能源消费影响的实证分析》,《数量经济技术经济研究》,1999 年第 12 期。

当前的经济发展目标下,产业结构调整的目标必须实现经济—生态效益的统一,不可偏废。产业结构与经济效益之间的关系已经被学术界广泛研究,并且基本达成一致的意见,即产业结构变动对经济效益具有重要影响,因此本书就不再重复计算。从文献中获知产业结构变动对生态效益的影响研究不多,因此本书对这一方面进行深入分析,选择生态效益指标中最常被使用的能源消耗强度和污染排放强度作为评价指标,并在此基础上研究产业结构变动与两者的关系。

## 3.2 产业结构与能源消耗强度的关系

2010 年,我国的 GDP 占世界的 9.27%,已经超过日本,名列第二,从经济总量上来讲是名副其实的经济大国,从实物制造总量来看,中国已经成为最大的实物制造经济体,但是我国经济的持续增长却带来了沉重的环境代价,水、土地、各种矿产资源、能源等与生产活动息息相关的重要资源被大量消耗,许多重要资源的人均占有量处于世界平均水平以下,并且庞大的人口与不断加快的工业化步伐,使得我国重要资源的消耗总量依然处于世界前列,然后资源消耗水平的居高不下会直接损害经济增长的可持续性,同时还会通过污染间接影响经济成长,因此建立一个资源节约型、环境友好型的发展环境将是这一阶段努力的方向。

江泽民指出,经济社会持续快速发展离不开有力的能源保障,从目前劳动、资本、能源、环境等各投入要素的增长贡献看,资本和能源是工业增长的主要动力[1]。因此下文选择能源为生产资源的代表,来研究其与产业结构变动的关系。

---

[1]　江泽民:《对中国能源问题的思考》,《中国交通大学学报》,2008 年第 3 期。

### 3.2.1 能源消耗现状

从 1980 年开始,我国的单位 $GDP$ 的能源消耗总量呈现逐渐降低的趋势,但 2002 年我国能源消费呈现大幅增长,其增幅曾一度超过 $GDP$ 增幅的 20%,每万元 $GDP$ 能耗也一度转降为升。从能源消费结构看,煤炭依然是我国的主要燃料能源,占所有一次能源消耗量的 70% 以上(见图 3-1)。从能源消耗行业特点看,工业是能源消耗的绝对主体,自 1995 年以后一直占能源总消耗量的 70% 以上,远高于其他行业大类。"十一五"期间,我国落实了节约资源和保护环境的基本国策,使能源消耗的增速有所缓解,但是仍然难以摆脱高投入、高消耗的粗放型经济发展方式。2010 年,我国为世界 $GDP$ 创造的 9.27% 的贡献是以占全球 10.6% 的石油、48.2% 的煤炭、56.2% 的水泥、43.4% 的

每万元能源消耗总量及主要一次能源消耗量（吨标准煤/万元）

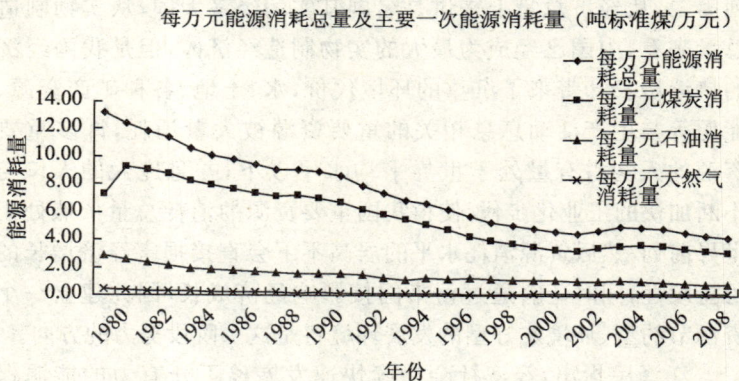

**图 3-1 1980—2009 年我国能源消耗强度及主要一次能源消耗强度**
(注:数据通过《中国能源统计年鉴》(2010)整理而得。)

钢材等大量能源消耗作为代价的,以电解铝、工业硅、普通钢为代表的低附加值高能耗产业已从欧美国家向我国转移,我国成为世界的大加工厂。这种粗放型的经济发展方式,与我国长期以来片面追求高增长、忽视高质量的经济发展目标有关,更与我

国产业结构调整的方向和调整的质量有密切关系。

我国能源消耗现状如表 3-1 所示。

**表 3-1　各大行业 1990—2009 年部分年份能源消耗比重表**

%

| 行业 | 1990 年 | 1995 年 | 2000 年 | 2005 年 | 2006 年 | 2007 年 | 2008 年 | 2009 年 |
|---|---|---|---|---|---|---|---|---|
| 农业 | 4.92 | 4.20 | 2.69 | 2.57 | 2.45 | 2.22 | 2.06 | 2.04 |
| 工业 | 68.5 | 73.33 | 71.31 | 71.49 | 71.50 | 71.49 | 71.81 | 71.48 |
| 建筑业 | 1.23 | 1.02 | 1.50 | 1.44 | 1.45 | 1.47 | 1.31 | 1.49 |
| 交通运输、仓储和邮政业 | 4.60 | 4.47 | 7.72 | 7.79 | 7.84 | 7.83 | 7.86 | 7.73 |
| 批发、零售业和住宿、餐饮业 | 1.26 | 1.54 | 2.09 | 2.05 | 2.05 | 2.03 | 1.97 | 2.09 |
| 其他行业 | 3.52 | 3.45 | 3.96 | 3.92 | 3.97 | 3.98 | 4.04 | 4.14 |
| 生活消费 | 16.01 | 12.00 | 10.73 | 10.72 | 10.73 | 10.99 | 10.94 | 11.04 |

### 3.2.2　能源消耗强度直接因素分解

#### (1) 能源消耗强度的影响因素

能源消耗与产业结构变动的问题已经引起了社会各界的关注,我国在"十二五"规划中明确强调将经济结构战略性调整作为经济发展方式转变的主攻方向。不少学者也对产业结构与能源消耗的关系进行过研究,国内外对产业结构与能源消耗的相关性研究目前多集中在产业结构对能源消耗的影响方面。路正南认为在三次产业中,第二产业的能源强度最高,相应的,其能源消费弹性系数也最高,因此应该及时调整第二产业,加速发展第三产业[①]。Schafe 采用 11 个区域 1971—1998 年的能源数据,通过实证分析,说明了产业结构变化对能源强度降低的显著

---

① 路正南:《产业结构调整对我国能源消费影响的实证分析》,《数量经济技术经济研究》,1999 年第 12 期。

作用①。尹春华和顾培亮、曾波和苏晓燕均应用灰色关联法定量测算了产业结构与能源消耗之间的关联效应②③；史丹和张金隆应用时间序列模型和面板数据模型，实证分析产业结构变动对能源消费的影响④。

除了产业结构变动因素外，技术水平也是影响能源消耗强度的一个重要因素，Han Xiaoli 和 Lakshmanan 以及 Kydes 等的研究表明能源消耗强度下降是技术进步和产业结构调整综合作用的结果⑤⑥。值得一提的是，目前的研究大部分集中于对全国或工业全行业的总量数据的估算，但最近的研究显示，总量数据和总量生产函数并不足以刻画经济增长的全貌，经济增长在不同部门和行业之间会很不相同，必须进行分行业甚至企业水平的增长核算分析⑦，仅从三次产业结构变动角度来研究产业结构变动对单位 GDP 能耗的影响并不能深入地解析问题。因此，有必要从更细分的产业结构视角来进行研究。Alcantara 和 Rosa、尚红云采用投入产出因素分解方法分别对欧盟各国各部门和中国 1996—2002 年期间的能源强度变动的主要因素进行

① Schafe A R. Structural Change in Energy Use. *Energy Policy*, 2005 (33).

② 尹春华，顾培亮：《我国产业结构调整与能源消费的灰色关联分析》，《天津大学学报（自然科学与工程技术版）》，2003 年第 1 期。

③ 曾波，苏晓燕：《中国产业结构成长中得能源消费特征》，《能源与环境》，2006 年第 4 期。

④ 史丹，张金隆：《产业结构变动对能源消费的影响》，《经济理论与经济管理》，2003 年第 8 期。

⑤ Han Xiaoli, Lakshmanan T K. Structural Changes and Energy Consumption in the Japanese Economy 1975—85: An Input-Output Analysis. *Energy Journal*, 1994, 15(3).

⑥ Kydes, Andy S. Energy Intensity and Carbon Emission Responses to Technological Change: the U. S. Outlook. *Energy Journal*. 1999, 20(3).

⑦ Jorgenson D W, Kevin J Strioh. U. S. Economic Growth at the Industry Level. *American Economic Review*, 2000, 92(5).

分析[1][2]。投入产出分析方法能比较清晰地反映国民经济产业系统中各部门之间的投入和产出关系,前人的研究成果也表明投入产出因素分解分析方法理论基础较强,具有良好的效果,因此本书也借鉴这种方法,进一步对 2002—2007 年的能源强度变动的技术因素和产业结构变动效应进行分解分析。

(2) 方法介绍

能源消耗强度指每单位的国内生产总值的能源消耗量,是衡量一个国家或区域能源综合利用效率的相对指标,可以由以下公式来计算得出:

$$E = \sum_{i=1}^{n} z_i a_i \tag{3-1}$$

在式(3-1)中,$E$ 为能源消耗强度,$a_i$ 为增加值结构系数,即 $i$ 产业增加值在国内生产总值中所占的比重,各产业的比重之和为 1,该系数组合体现了产业结构状况,$z_i$ 为增加值能源消耗系数,即 $i$ 产业每单位增加值的能源消耗量,此系数体现影响能源消耗的技术水平。

根据因素分析法的原理,能源消耗强度直接因素分解的公式如下:

$$\frac{\sum_{i=1}^{n} z_i^1 a_i^1}{\sum_{i=1}^{n} z_i^0 a_i^0} = \frac{\sum_{i=1}^{n} z_i^1 a_i^1}{\sum_{i=1}^{n} z_i^0 a_i^1} \cdot \frac{\sum_{i=1}^{n} z_i^0 a_i^1}{\sum_{i=1}^{n} z_i^0 a_i^0} \tag{3-2}$$

式(3-2)中,系数 $z_i$ 和 $a_i$ 的上标"0"代表基期,"1"代表报告

---

① Alcantara Vicent, Rosa Duarte. Comparison of Energy Intensities in European Union Countries, Results of a Structural Decomposition Analysis. *Energy Policy*, 2004, 32(2).

② 尚红云:《中国能源投入产出问题研究》,北京师范大学出版社,2011 年。

期，$\sum_{i=1}^{n} z_i^1 a_i^1 / \sum_{i=1}^{n} z_i^0 a_i^0$ 表示能源消耗强度变动指数。$\sum_{i=1}^{n} z_i^1 \cdot$

$a_i^1 / \sum_{i=1}^{n} z_i^0 a_i^1$ 表示报告期产业结构一定时，各产业单位增加值能

耗变化对能源消耗强度变动的影响；$\sum_{i=1}^{n} z_i^0 a_i^1 / \sum_{i=1}^{n} z_i^0 a_i^0$ 表示当基

期各产业能源消耗强度一定时，产业结构变化对能源消耗强度变动的影响，以上两部分分别被认为是能源消耗强度的技术影响和结构影响。

### 3.2.3　2002—2007 年 28 个产业能源消耗强度变动的因素分解结果

尚红云根据上述方法，应用 1997 年和 2002 年投入产出表对我国 1996—2002 年的 28 个产业能源消耗强度及其影响因素进行了分解分析[①]，其结果表明与 1997 年相比，2002 年的能源消耗强度降低了 33.31%，其中技术工艺水平提高导致能源消耗强度下降了 38.65%，而产业结构调整却使能源消耗强度提高了 8.7%。值得注意的是，从 2002 年开始我国能源消耗总量曾一度迅速攀升，因此分析 2002 年之后各产业能源消耗强度变动的因素分解具有一定的必要性，但是由于 2010 年的投入产出延长表还未出版，因此本书使用 2002 年和 2007 年的投入产出表和《中国能源统计年鉴》中的相关数据进行测算。计算结果如表 3-2 和表 3-3 所示。

---

①　尚红云：《中国能源投入产出问题研究》，北京师范大学出版社，2011 年。

表 3-2　中国 28 部门能源消耗强度变动的因素分解结果

| 分解因素 | 2002 年增加值结构系数 $a_i^0$ | 2002 年能源强度系数 $z_i^0$（吨标准煤/万元） | 2007 年增加值结构系数 $a_i^1$ | 2007 年能源强度系数 $z_i^1$（吨标准煤/万元） | $z_i^0 a_i^0$ | $z_i^1 a_i^1$ | $z_i^0 a_i^1$ |
|---|---|---|---|---|---|---|---|
| 农、林、牧、渔业 | 0.137 42 | 0.391 71 | 0.109 17 | 0.287 68 | 0.053 83 | 0.031 41 | 0.042 76 |
| 煤炭开采和选洗业 | 0.018 84 | 1.860 49 | 0.016 87 | 1.619 04 | 0.035 05 | 0.027 32 | 0.031 39 |
| 石油和天然气开采业 | 0.019 18 | 1.946 48 | 0.021 70 | 0.645 56 | 0.037 33 | 0.014 01 | 0.042 24 |
| 金属矿采选业 | 0.005 17 | 1.322 89 | 0.008 24 | 0.986 39 | 0.006 84 | 0.008 13 | 0.010 90 |
| 非金属矿采选业 | 0.006 12 | 0.884 44 | 0.005 75 | 0.626 58 | 0.005 41 | 0.003 61 | 0.005 09 |
| 食品制造及烟草加工业 | 0.037 16 | 0.772 47 | 0.038 77 | 0.478 26 | 0.028 70 | 0.018 54 | 0.029 95 |
| 纺织业 | 0.018 44 | 1.337 55 | 0.018 72 | 1.263 03 | 0.024 66 | 0.023 65 | 0.025 04 |
| 服装皮革羽绒及其制品业 | 0.013 47 | 0.346 67 | 0.015 36 | 0.260 85 | 0.004 67 | 0.004 01 | 0.005 32 |
| 木材加工及家具制造业 | 0.008 90 | 0.382 58 | 0.009 95 | 0.373 79 | 0.003 40 | 0.003 72 | 0.003 81 |
| 造纸印刷及文教用品制造业 | 0.019 61 | 1.067 31 | 0.013 55 | 1.089 07 | 0.020 93 | 0.014 76 | 0.014 46 |
| 石油加工、炼焦及核燃料加工业 | 0.008 65 | 8.103 04 | 0.014 29 | 3.511 76 | 0.070 09 | 0.050 19 | 0.115 82 |
| 化学工业 | 0.048 00 | 3.209 07 | 0.047 97 | 2.610 02 | 0.154 04 | 0.125 20 | 0.153 94 |

| 分解因素 | 2002 年增加值结构系数 $a_i^0$ | 2002 年能源强度系数 $z_i^0$（吨标准煤/万元） | 2007 年增加值结构系数 $a_i^1$ | 2007 年能源强度系数 $z_i^1$（吨标准煤/万元） | $z_i^0 a_i^0$ | $z_i^1 a_i^1$ | $z_i^0 a_i^1$ |
|---|---|---|---|---|---|---|---|
| 非金属矿物制品业 | 0.015 77 | 5.566 35 | 0.023 86 | 3.249 22 | 0.087 78 | 0.077 54 | 0.132 83 |
| 金属冶炼及压延加工业 | 0.030 98 | 6.321 28 | 0.045 44 | 4.900 86 | 0.195 83 | 0.222 70 | 0.287 24 |
| 金属制品业 | 0.011 73 | 1.043 71 | 0.014 05 | 0.768 23 | 0.012 24 | 0.010 79 | 0.014 66 |
| 通用、专用设备制造业 | 0.030 15 | 0.577 52 | 0.034 73 | 0.441 77 | 0.017 41 | 0.015 34 | 0.020 06 |
| 交通运输设备制造业 | 0.020 90 | 0.615 07 | 0.024 47 | 0.370 05 | 0.012 85 | 0.009 05 | 0.015 05 |
| 电气、机械及器材制造业 | 0.014 20 | 0.422 00 | 0.017 63 | 0.333 51 | 0.005 99 | 0.005 88 | 0.007 44 |
| 电子及通信设备制造业 | 0.022 50 | 0.292 84 | 0.025 93 | 0.294 82 | 0.006 59 | 0.007 65 | 0.007 59 |
| 仪器仪表文化办公用机械制造业 | 0.003 60 | 0.389 84 | 0.003 93 | 0.250 89 | 0.001 40 | 0.000 99 | 0.001 53 |
| 其他制造业 | 0.005 00 | 2.220 05 | 0.005 88 | 0.833 20 | 0.011 10 | 0.004 90 | 0.013 05 |
| 电力蒸汽热水生产供应业 | 0.033 00 | 2.814 05 | 0.033 56 | 2.097 04 | 0.092 86 | 0.070 38 | 0.094 44 |
| 燃气生产和供应业 | 0.000 61 | 7.386 54 | 0.000 85 | 2.776 04 | 0.004 49 | 0.002 35 | 0.006 25 |

| 分解因素 | 2002 年增加值结构系数 $a_i^0$ | 2002 年能源强度系数 $z_i^0$（吨标准煤/万元） | 2007 年增加值结构系数 $a_i^1$ | 2007 年能源强度系数 $z_i^1$（吨标准煤/万元） | $z_i^0 a_i^0$ | $z_i^1 a_i^1$ | $z_i^0 a_i^1$ |
|---|---|---|---|---|---|---|---|
| 自来水的生产和供应业 | 0.002 00 | 1.918 22 | 0.002 09 | 1.462 84 | 0.003 84 | 0.003 05 | 0.004 00 |
| 建筑业 | 0.054 00 | 0.244 17 | 0.055 29 | 0.277 77 | 0.013 19 | 0.015 36 | 0.013 50 |
| 交通运输、仓储及邮政业 | 0.084 00 | 1.095 71 | 0.057 07 | 1.377 80 | 0.092 04 | 0.078 64 | 0.062 54 |
| 批发和零售贸易餐饮业 | 0.101 00 | 0.284 50 | 0.087 23 | 0.260 36 | 0.028 73 | 0.022 71 | 0.024 82 |
| 其他服务业 | 0.230 00 | 0.227 54 | 0.247 63 | 0.149 90 | 0.052 33 | 0.037 12 | 0.056 35 |
| 能源强度合计 | | | | | 1.083 66 | 0.908 97 | 1.242 08 |

**表 3-3　2002—2007 年能源消耗强度综合指数**

| 因素分解指数 | $\dfrac{\sum\limits_{i=1}^{n} z_i^1 a_i^1}{\sum\limits_{i=1}^{n} z_i^0 a_i^0}$ 总变动指数 | $\dfrac{\sum\limits_{i=1}^{n} z_i^1 a_i^1}{\sum\limits_{i=1}^{n} z_i^0 a_i^1}$ 技术影响指数 | $\dfrac{\sum\limits_{i=1}^{n} z_i^0 a_i^1}{\sum\limits_{i=1}^{n} z_i^0 a_i^0}$ 结构影响指数 |
|---|---|---|---|
| 能源消耗强度指数/% | 83.88 | 73.18 | 114.62 |

### 3.2.4　结果分析

从表 3-2 和表 3-3 的结果可以得出：

（1）在 28 个产业中，大部分行业的单位增加值能耗都呈现出下降的趋势，仅有造纸印刷及文教用品制造业，电子及通信设备制造业，建筑业，交通运输、仓储及邮政业这 4 个行业的单位增加值能源消耗略呈上升趋势，相比尚红云计算的 1997—2002

年的结果有较大变化,工业部门中不少高能耗产业的单位增加值能耗有较大降幅,如石油加工、炼焦及核燃料加工业、金属冶炼及压延加工业、非金属矿物制品业等。再者,在这些产业中,金属冶炼及压延加工业,石油加工、炼焦及核燃料加工业,非金属矿物制品业,燃气生产和供应业,化学工业等均位列单位增加值能耗的前列,这些产业全部属于第二产业,因此由以上结果可知,第二产业依然是国民经济中能耗较高的部门,但是从这5年的变化来看,第二产业中的大部分产业已经开始重视提高生产工艺的技术,节约能源,降低单位能耗,尤其是那些对国民经济具有支柱作用的传统高能耗部门。

(2)从增加值结构系数变化可知,在三次产业中,2007年,第一产业和第三产业增加值在国民经济总增加值中所占的比例有所下降,第二产业增加值所占的比重依然最高,并且相比2002年,其比重还有所上升,第三产业增加值总量虽然在增加,但是其增长速度稍慢于第二产业。可以发现,在第二产业内部,通用专用设备制造业,交通运输设备制造业,电气、机械及器材制造业,电子及通信设备制造业,仪器仪表文化办公用机械制造业等能耗低、技术密集的制造业的增加值占国民经济的比重都较5年前有了明显的提高;但传统高能耗的产业增加值占国民经济的比重有升有降。例如,单位增加值能耗最高的金属冶炼及压延加工业和非金属矿物制品业占国民经济增加值的比重就比5年前分别提高了1.45%和0.81%,化学工业、造纸印刷制造业的比重略有下降。因此,从产业增加值结构系数可知,2002—2007年,我国仍处于工业化结构调整阶段,第二产业在三大产业中仍占了绝对的优势,在第二产业内部低能耗、技术密集的产业部门呈现出较快的发展趋势,但尚未能改变我国粗放型的经济发展方式。

(3)从表3-2可知,在产业结构不变的情况下,仅有造纸印刷及文教用品制造业,电子及通信设备制造业,交通运输、仓储及邮政业,建筑业的单位增加值能耗有上升的趋势,由此说明,2002—2007 年生产中工艺技术的改进对大部分产业能源消耗强度的降低起到了积极的作用。

而在单位增加值能耗不变的情况下,增加值结构的变动使得以下产业的能耗有所提高:石油和天然气开采业,金属矿采选业,食品制造及烟草加工业,纺织业,服装皮革羽绒及其制品业,木材加工及家具制造业,石油加工、炼焦及核燃料加工业,非金属矿物制品业,金属冶炼及压延加工业,金属制品业,交通运输设备制造业,电气、机械及器材制造业,电子及通信设备制造业,仪器仪表文化办公用机械制造业,其他制造业,电力蒸汽热水生产供应业,燃气生产和供应业,自来水的生产和供应业,建筑业,其他服务业。在 28 个产业中占了 20 个,由此可知,这 5 年内增加值结构的变动在不同程度上提高了大部分产业的单位增加值能耗。

从表 3-3 中的能源消耗强度综合指数可知,我国 2007 年单位增加值能源消耗比 2002 年降低了 16.12%,其中生产过程中技术水平的提高,使得单位增加值能耗下降 26.82%,而产业结构变动导致单位增加值能耗提高了 14.62%。从以上的结果可知,产业结构调整部分地抵消了技术进步对节能的贡献,这与 Zhang Zhongxiang,张军和刘君的计算结果基本一致[1][2]。因此,如何在保证经济效益的前提下,有效地调整产业结构,使其有利于降低能源消耗强度具有重要而深远的意义。

---

[1]　Zhang Zhongxiang. Why did the Energy Intensity Fall in China's Industrial Sector in the 1990s? *Energy Economics*,2003(25).

[2]　张军,刘君:《中国能源消费模式的转变及其解释》,《学术月刊》,2008 年第 7 期。

## 3.3 产业结构与污染排放强度的关系

自从人们开始重视环境保护问题以来,环境污染一直被看成是经济增长所带来的后果之一。中国近 30 年经济的高增长带有高能耗、高排放的粗放型特点,不仅挥霍了资源、能源,更加速破坏了人们生产、生活所依赖的环境。有研究指出,中国已于 2007 年超过美国成为全世界最大的 $CO_2$ 排放国,且远远超过印度、日本和德国等经济强国[①],2009 年,我国 $SO_2$ 排放总量达到 2 214.4 万吨,位居世界第一。尽管"十一五"期间对于主要污染物的排放有了严格的监测和管理,部分环境质量有所好转,但是环境总体形势依然十分严峻。

### 3.3.1 能源消耗与污染排放关系的相关文献回顾

环境恶化的主要原因之一就是对能源的使用,茹塞尔·派蒂松和张光华曾将能源的生产和消耗对环境造成的影响称为"人类世界面临的五大威胁之一"[②]。如图 3-1 所示,中国的能源消耗以煤炭为主,而煤炭从开采、加工、洗选直至使用过程都会造成严重的大气污染和水污染,据统计,大气污染物中 87% 的 $SO_2$、67% 的 $NO_x$、79% 的烟尘和 71% 的 CO 都是来自于煤炭的燃烧。李京文就曾通过对我国 1949—1993 年的能源和环境关联关系进行分析,认为我国能源消耗带来较为严重的污染,主要是由于煤炭使用比重过高和能源利用效率较低两方面造成的[③]。

---

① 王峰,吴丽华,杨超:《中国经济发展中碳排放增长的驱动因素研究》,《经济研究》,2010 年第 2 期。

② 茹塞尔·派蒂松,张光华:《人类世界面临的五大威胁》,《世界环境》,1983 年第 1 期。

③ 李京文:《我国能源发展与环境问题》,《数量经济技术经济研究》,1995 年第 12 期。

虽然各种一次能源的消耗强度呈现逐年下降趋势(如图 3-1 所示),但相对其他发达国家依然比较高。因此,由能源消耗引起的环境恶化问题成为目前中国最关注的环境问题之一。

不少学者已经从定性和定量的角度分析了能源消耗与环境质量之间的关系。李国璋、江金荣和周彩云应用 DEA 分析方法,从全要素能源效率变化视角对环境污染的各影响因素进行了剖析,发现能源效率和能源结构是我国环境污染的主要影响因素[①];杨永华等利用最优控制理论对能源投入和环境影响的关系进行分析,提出能源效率的提高有利于缓解生态系统的恶化[②];李从欣和李国柱应用协整检验和 ECM 模型得出能源消费与环境污染之间存在长期的均衡关系,能源消耗必然导致环境的恶化。由于工业部门的能源消耗最大,且能源利用效率低下也多针对工业部门而言,因此也有学者专对工业行业的能源消耗和工业废弃物排放关系进行深入研究[③];曾波和苏晓燕用灰色关联分析方法分析了我国工业行业主要的九种能源消费品种与工业废水、工业二氧化硫、工业烟尘和粉尘、工业固废等五种废弃物排放之间的关联关系,发现煤炭和焦炭与环境质量的关联程度最高,而汽油和煤油对环境的影响较小[④];李诚以 2002年和 2007 年中国投入产出表和能源表为基础,通过构建各部门间能源使用与污染气体排放的数据表,求得了国民经济各部门

①　李国璋,江金荣,周彩云:《转型时期的中国环境污染影响因素分析——基于全要素能源效率视角》,《山西财经大学学报》,2009 年第 12 期。

②　杨永华,诸大建,王辰,宋静:《经济学视角的能源使用与环境质量关系研究》,《资源环境与工程》,2007 年第 1 期。

③　李从欣,李国柱:《能源消费与环境污染关系的实证研究》,《煤炭经济研究》,2009 年第 1 期。

④　曾波,苏晓燕:《基于灰色关联的我国工业行业能源消费对环境质量影响的实证分析》,《价值工程》,2006 年第 9 期。

的能源消耗和污染气体排放值[1]；王峰、吴丽华和杨超对中国 1995—2007 年间 $CO_2$ 排放的影响因素进行产业结构和能源结构多维度分解，发现 1997—1999 年间能源消耗强度下降是 $CO_2$ 排放强度下降的主要原因[2]；Zhang Zhongxiang 等人在对中国 1992—2006 年间各产业的 $CO_2$ 排放的因素分解结果中发现能源强度对碳排放起到了较大的抑制作用[3]。

因此，从已有的关于能源消耗与环境污染关系的文献中可以得出两点基本的结论：一是各种定性定量方法都论证了能源消耗与环境污染之间存在必然的关联关系，能源消耗增加是保持经济高速增长所不可避免的，但是同时也加速了环境质量的恶化，环境污染的程度与能源消耗的总量、结构和效率都有密切关系，且能源强度和能源结构的环境污染的影响程度在各时间段不尽相同；二是就各种能源消费品种的比较而言，煤炭消耗对环境的污染最严重，清洁能源对环境的影响最少，但中国的能源消费结构中，煤炭占了能源消耗总量的 70% 以上，更进一步说明了我国未来环境形势的严峻性。

### 3.3.2  污染排放强度的 Divisia 因素分解

如前文所述，学者们已经用各种方法论证了能源消耗与环境质量之间的密切关系。因此，对环境污染强度的影响因素分解中，必然要纳入能源消耗的因素。从所查阅的文献可知，国内外学者多运用因素分解法来研究影响环境污染的各影响因素的贡献度，且对环境质量影响的分析离不开污染排放强度、能源消

①  李诚：《我国部门间能源消耗与污染气体排放的估算》，《山西财经大学学报》，2010 年第 7 期。

②  王峰，吴丽华，杨超：《中国经济发展中碳排放增长的驱动因素研究》，《经济研究》，2010 年第 2 期。

③  Zhang Zhongxiang. Why did the Energy Intensity Fall in China's Industrial Sector in the 1990s? *Energy Economics*, 2003(25).

耗强度、产业结构等因素,例如 Zhang 等人将 $CO_2$ 排放分解为碳强度、能源强度、结构变化和经济发展四个因素的影响[1];而主春杰等则将其分解为各能源排放系数、能源结构、能源强度、人均生产总值以及人口数等五个因素[2],Cole 等人将中国工业污染排放的影响因素分解为物质、人力资本强度、工业生产率、研究开发支出和能源消耗,并分别分析了各种影响因素对工业污染排放的贡献度[3]。

对于因素分解,已有文献主要采用指数分解法、基于非参数距离函数分解法和投入产出结构分解法等三种方法。本书选择 Ang 等人在 1998 年提出的对数均值 Divisia 指数完全分解法来研究环境质量与能源、结构之间的关联关系[4]。该方法能够对研究对象进行完全因素分解,不产生任何不可说明的残差项,并且计算相对简便,解释客观合理,已被研究者大量使用。

为了延续之前的研究,本书仍然使用 3.2 节的产业分类,考虑到环境数据的局限性,且工业是环境污染的主要部门,因此在上节 28 个产业中选择 23 个工业部门作为研究对象。环境污染主要包括废气、废水和固废三类,这里选择废气作为环境污染的代表。环境统计年鉴中对废气排放有两种衡量标准,一种是废气排放总量(亿标立方米),另一种是废气排放中对环境有较大危害的 $SO_2$、烟尘、粉尘排放量(万吨)。由于后者更能体现环境

① Zhang M, Mu H, Ning Y, Song Y, Decomposition of Enerey related $CO_2$ Emission over 1991—2006 in China. *Ecological Economics*,2009,68(7).

② 主春杰,马忠玉,王灿,刘子刚:《中国能源消费导致的 $CO_2$ 排放量的差异特征分析》,《生态环境》,2006 年第 5 期。

③ Cole Matthew A,Robert J R Elliott,Shanshan Wu. Industrial Activity and the Environment in China:An Industrial - Level Analysis. *China Economic Review*,2008(3).

④ Ang B W, Zhang F Q,Choi K H. Factorizing Changes in Energy and Environmental Indicators through Decomposition. *Energy*,1998(6).

质量,因此将 $SO_2$、烟尘、粉尘的排放量(万吨)相加,作为废气排放量(万吨)。

令 $Y, G, GI, E$ 分别代表工业增加值、废气排放总量、废气排放强度、能源消耗,$i$ 表示 23 个工业行业,$Y_i, G_i, E_i$ 分别为第 $i$ 个工业行业的工业增加值、废气排放量和能源消耗量。$EG_i$ 代表第 $i$ 行业的废气排放系数(即每单位能源消耗所带来的废气排放总量),$EI_i$ 代表第 $i$ 个行业能源排放强度(即该行业每单位工业增加值的能源消耗总量),$A_i$ 代表产业结构(该行业的增加值占全行业工业增加值的份额)。则废气排放总量的基本公式为:

$$G = \sum_{i=1}^{23} G_i = \sum_{i=1}^{23} \frac{G_i}{E_i} \cdot \frac{E_i}{Y_i} \cdot \frac{Y_i}{Y} \cdot Y \tag{3-3}$$

工业全行业的废气排放强度可以等价表示为:

$$GI = \frac{G}{Y} = \frac{\sum_{i=1}^{23} G_i}{Y} = \sum_{i=1}^{23} \frac{G_i}{E_i} \cdot \frac{E_i}{Y_i} \cdot \frac{Y_i}{Y} = \sum_{i=1}^{23} EG_i \cdot EI_i \cdot A_i \tag{3-4}$$

定义如下的对数权重方程:

$$L(a,b) = \begin{cases} \dfrac{a-b}{\ln a - \ln b} & a \neq b \\ a & a = b \end{cases} \tag{3-5}$$

则按照 LMDI 方法,工业全行业废气排放强度环比指数可以分解为如下三个影响因子项:

$$RGI = GI^t / GI^{t-1} = RGI_{EG} \cdot RGI_{EI} \cdot RGI_a$$

$$= \exp\left[ \sum_{i=1}^{23} \frac{L(GI_i^t, GI_i^{t-1})}{L(GI^t, GI^{t-1})} \ln\left( \frac{EG_i^t}{EG_i^{t-1}} \right) \right] \cdot$$

$$\exp\left[ \sum_{i=1}^{23} \frac{L(GI_i^t, GI_i^{t-1})}{L(GI^t, GI^{t-1})} \ln\left( \frac{EI_i^t}{EI_i^{t-1}} \right) \right] \cdot$$

$$\exp\left[ \sum_{i=1}^{23} \frac{L(GI_i^t, GI_i^{t-1})}{L(GI^t, GI^{t-1})} \ln\left( \frac{EG_i^t}{EG_i^{t-1}} \right) \right] \tag{3-6}$$

其中,$t$ 和 $t-1$ 表示相邻两期,$RGI$ 表示废气排放强度发展指数,$RGI_{EG}$,$RGI_{EI}$,$RGI_a$ 则是分解出来的三个因子:废气排放系数指数、能源强度指数、产业结构指数。已有的研究表明,此分解方法能完全分解,不产生残差项,本书在此不做证明,相关证明可见徐国泉、刘则渊和姜照华,陈诗一等人的论文[1][2]。

延续 3.2 节的计算,本书对废气排放强度因素分解的时间跨度选择 2002—2007 年,通过计算整理得到中国废气排放 Divisia因素分解分析得基础数据(见表 3-4)。

**表 3-4　中国 2002 年和 2007 年废气排放总量、能源消耗总量及工业增加值**

| 行业 | 2002 年 | | | 2007 年 | | |
|---|---|---|---|---|---|---|
| | 废气排放总量(万吨)$G_i$ | 能源消耗总量(万吨标准煤)$E_i$ | 工业增加值(亿元)$A_i$ | 废气排放总量(万吨)$G_i$ | 能源消耗总量(万吨标准煤)$E_i$ | 工业增加值(亿元)$A_i$ |
| 煤炭开采和选洗业 | 40.49 | 4 242.42 | 2 280.27 | 40.64 | 7 170.75 | 4 429.01 |
| 石油和天然气开采业 | 5.47 | 4 517.70 | 2 320.96 | 4.37 | 3 677.49 | 5 696.61 |
| 金属矿采选业 | 18.10 | 827.22 | 625.31 | 33.07 | 2 134.09 | 2 163.53 |
| 非金属矿采选业 | 20.57 | 654.54 | 740.06 | 17.62 | 946.93 | 1 510.65 |
| 食品制造及烟草加工业 | 79.72 | 2 811.28 | 4 497.19 | 70.42 | 4 867.98 | 10 178.45 |
| 纺织业 | 33.82 | 2 984.43 | 2 231.27 | 40.46 | 6 207.57 | 4 914.81 |

①　徐国泉,刘则渊,姜照华:《中国碳排放的因素分解模型及实证分析:1995—2004》,《中国人口·资源与环境》,2006 年第 6 期。

②　陈诗一:《节能减排、结构调整与工业发展方式转变研究》,北京大学出版社,2011 年。

| 行业 | 2002 年 | | | 2007 年 | | |
|---|---|---|---|---|---|---|
| | 废气排放总量（万吨）$G_i$ | 能源消耗总量（万吨标准煤）$E_i$ | 工业增加值（亿元）$A_i$ | 废气排放总量（万吨）$G_i$ | 能源消耗总量（万吨标准煤）$E_i$ | 工业增加值(亿元)$A_i$ |
| 服装皮革羽绒及其制品业 | 4.16 | 355.20 | 1 629.69 | 4.60 | 1 051.59 | 4 031.43 |
| 木材加工家具制造业 | 8.87 | 412.22 | 1 077.49 | 11.25 | 976.70 | 2 612.95 |
| 造纸印刷及文教用品制造业 | 61.04 | 2 378.00 | 2 372.81 | 74.08 | 3 873.89 | 3 557.07 |
| 石油加工、炼焦及核燃料加工业 | 66.58 | 8 478.69 | 1 046.36 | 127.28 | 13 176.51 | 3 752.11 |
| 化学工业 | 169.34 | 17 295.9 | 5 809.27 | 212.46 | 3 2867.48 | 12 592.82 |
| 非金属矿物制品业 | 803.82 | 10 624.6 | 1 908.73 | 736.95 | 20 354.84 | 6 264.53 |
| 金属冶炼压延加工业 | 311.35 | 23 699.9 | 3 749.31 | 426.73 | 58 460.74 | 11 928.68 |
| 金属制品业 | 6.44 | 1 481.75 | 1 419.69 | 9.12 | 2 832.47 | 3 687.01 |
| 通用、专用设备制造业 | 15.46 | 2 107.53 | 3 649.26 | 13.09 | 4 027.66 | 9 117.08 |
| 交通运输设备制造业 | 11.49 | 1 555.65 | 2 529.22 | 10.84 | 2 376.95 | 6 423.28 |
| 电气机械器材制造业 | 4.96 | 725.47 | 1 719.13 | 2.07 | 1 543.42 | 4 627.79 |
| 电子通信设备制造业 | 1.93 | 798.87 | 2 727.97 | 2.34 | 2 007.02 | 6 807.68 |
| 仪器仪表文化办公用机械制造业 | 0.67 | 169.42 | 434.59 | 0.26 | 259.09 | 1 032.68 |
| 其他制造业 | 2.02 | 1 280.07 | 576.60 | 1.49 | 1 285.44 | 1 542.77 |

| 行业 | 2002 年 | | | 2007 年 | | |
|---|---|---|---|---|---|---|
| | 废气排放总量（万吨）$G_i$ | 能源消耗总量（万吨标准煤）$E_i$ | 工业增加值（亿元）$A_i$ | 废气排放总量（万吨）$G_i$ | 能源消耗总量（万吨标准煤）$E_i$ | 工业增加值（亿元）$A_i$ |
| 电力蒸汽热水生产供应业 | 1 080.03 | 11 150.5 | 3 962.45 | 1 445.7 | 18 474.59 | 8 809.85 |
| 燃气生产和供应业 | 7.08 | 547.72 | 74.15 | 4.46 | 616.40 | 222.04 |
| 自来水生产供应业 | 0.40 | 543.83 | 283.51 | 0.08 | 801.73 | 548.06 |
| 全行业总和 | 2 753.8 | 99 643.1 | 47 665.28 | 3 289.36 | 189 991.3 | 116 450.9 |

数据来源：数据来自《中国统计年鉴》(2004)、《中国统计年鉴》(2009)、《中国投入产出表》(2002)、《中国投入产出表》(2007)。

### 3.3.3 结果分析

在本书中，影响工业部门废气排放的因素主要为废气排放系数、能源消耗强度和产业结构，且其因素分解的残差项为 0，因此这三个因素的影响效果按照公式(3-6)计算，结果可见表 3-5。

**表 3-5 工业部门废气排放指数及因素分解结果**

| 工业废气排放强度指数 | 因素分解 | | |
|---|---|---|---|
| | 废气排放系数指数 | 能源消耗强度指数 | 产业结构变动指数 |
| 0.488 9 | 0.651 5 | 0.707 4 | 1.060 9 |

从结果中可见，2007 年工业废气排放强度是 2002 年的 48.89%，即 2002 年每单位工业增加值的废气排放量是 2007 年的 2.05 倍。可见，这 5 年期间，工业部门的废气强度有了明显的降低。从因素分解的结果看，废气排放系数指数和能源消耗强度指数均小于 1，即废气排放系数与能源消耗强度对工业废

气排放强度的下降起到了积极的作用,其中 2007 年废气排放系数,即每单位工业能源消耗的工业废气排放总量比 5 年前下降了近 0.35%,是 2002 年的 65.15%,这说明工业部门在能源使用的过程中开始逐步重视环境保护,提高能源的减排能力;2007 年工业部门能源消耗强度是 2002 年的 70.74%,下降了近 30%。与 3.1 节结果相比,工业部门的能源消耗强度比全行业的能源消耗强度下降得更多,这是工业部门能源使用效率和工业结构变动共同作用的结果,由上节的结果可推测,能源使用过程中工艺技术的改进对实现 2002—2007 年工业部门能源消耗强度下降起到了主要作用;值得注意的是,产业结构变动指数大于 1,也就是说这期间工业部门的产业结构的调整对工业废气排放强度的下降起到负的效应,部分抵消了废气排放系数和能源消耗强度系数对工业废气排放强度的正效应,但从数值上看,影响效果不是很大。这与陈诗一对碳排放的因素分解结果相类似,在 21 世纪工业重型化阶段,排放密集型行业的增加值份额和能源密集型行业的产出份额都有所上升,产业结构指数对碳排放下降的促进作用也转为阻碍作用了[①]。

## 3.4 本章小结

经济—生态综合效益是对经济效益和生态效益的综合考量,经济效益的本质是经济效率,目前多用资本、劳动等生产要素作为经济投入,以经济产值、增长等作为经济产出,将经济投入与产出的比作为经济效益的评价指标,目前使用较多的是全要素生产率。生态效益的本质是生态效率,目前使用较多的指

---

① 陈诗一:《节能减排、结构调整与工业发展方式转变研究》,北京大学出版社,2011 年。

标是各种资源、能源的消耗强度和各种污染排放强度。众多文献已经论证了产业结构变动对经济效益具有重要影响,本书仅研究产业结构变动与生态效益之间的关系,并选择最常被使用的能源消耗强度、污染排放强度来代表生态效益。

从总量上看,我国已经是名副其实的能源消耗大国和污染排放大国,这与我国工业化阶段高投入、高消耗的粗放型经济发展方式密不可分。产业结构作为经济发展方式转变的重要途径,必须遵循其转变的方向,即实现经济效益与生态效益的统一。产业结构调整对经济效益的重要贡献已经被学者们反复论证,因此本章研究产业结构变动对生态效益的影响,并以中国产业部门为例进行实证分析。

能源消耗强度和污染排放强度是衡量每单位的经济产出所需要投入的能源总量和所带来的污染排放的综合指标,它们不仅取决于技术因素,还取决于产业结构变动因素。本章分别用直接因素分解法和 Divisia 指数完全分解法对能源消耗强度和工业部门废气排放强度进行分解,并测算产业结构变动等因素对它们的贡献度。结果显示在 2002—2007 年期间能源消耗强度的降低主要依赖技术进步因素,工业部门废气排放强度的降低则主要依赖于能源消耗强度和废气排放系数的降低。这期间产业结构对能源消耗强度和废气排放强度都呈现负效应,但是总体影响不大。由此可知,该阶段产业结构的变动不利于生态效益的实现。因此,仅关注经济效益的产业结构优化研究需要修正和完善。

# 4 中国产业结构优化水平的历史演变和省域比较

本书第 2 章已经阐述了产业结构优化的最终目标是实现经济—生态综合效益的最大化。生态效益主要指生产活动所带来的资源和环境的影响程度,是技术水平和产业结构变动等因素共同作用的结果。本书第 3 章以中国为例研究了产业结构变动对生态效益的影响,分别对能源消耗强度和污染排放强度进行了因素分解分析,结果发现在 2002—2007 年期间,产业结构的变动并未有效地降低能源和环境的压力,而相反抵消了部分技术进步对能源消耗强度和污染排放强度的正效应。中国是一个正处于工业化发展中期阶段的大国,其产业结构变动与生态效益之间的关系比任何国家都重要[①]。因此,有必要综合经济—生态综合因素,调整产业结构优化的评价指标体系,对中国产业结构优化水平进行重新测算,为产业结构调整政策的制定提供更为准确的理论依据。本章将构建新的评价指标体系,运用主成分分析方法,并对中国产业结构优化水平的历史演变和省域水平进行比较分析。

---

[①] Cole Matthew A,Robert J R Elliott,Shanshan Wu. Industrial Activity and the Environment in China:An Industrial level Analysis. *China Economic Review*,2008(3).

## 4.1　产业结构优化水平测度的评价指标体系

　　针对产业结构优化原有评价指标的局限性,本书综合产业结构生态化因素,产业结构合理化,产业结构高级化三部分 6 个指标来构建区域产业结构优化水平测度的指标体系(见图 4-1)。

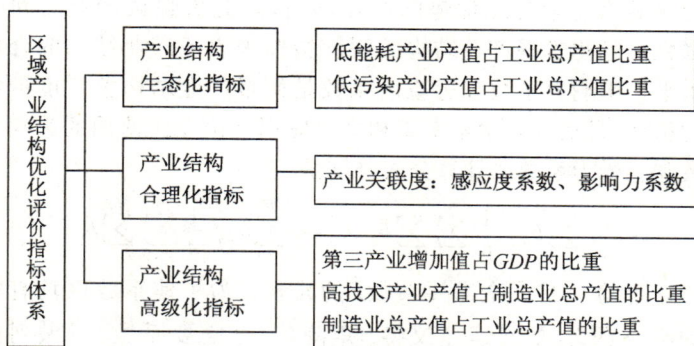

```
                    ┌─────────────┐   ┌──────────────────────────────┐
                    │产业结构     │   │低能耗产业产值占工业总产值比重  │
              ┌────│生态化指标   │───│低污染产业产值占工业总产值比重  │
  ┌───────┐   │    └─────────────┘   └──────────────────────────────┘
  │区域产业│   │    ┌─────────────┐   ┌──────────────────────────────┐
  │结构优化│───┼────│产业结构     │───│产业关联度:感应度系数、影响力系数│
  │评价指标│   │    │合理化指标   │   └──────────────────────────────┘
  │体系   │   │    └─────────────┘
  └───────┘   │    ┌─────────────┐   ┌──────────────────────────────┐
              │    │产业结构     │   │第三产业增加值占GDP的比重       │
              └────│高级化指标   │───│高技术产业产值占制造业总产值的比重│
                    └─────────────┘   │制造业总产值占工业总产值的比重  │
                                      └──────────────────────────────┘
```

**图 4-1　区域产业结构优化的评价指标体系**

　　本书所指产业结构生态化是指产业系统发展能尽量减少能源消耗和污染排放,减轻对环境的破坏。这里使用低能耗、低污染的产业所创造的产值占当年国民经济总产值的比重来衡量。将各工业行业能源消耗强度、污染排放强度由低到高进行排列,并分别将排名前 50% 的行业称为低能耗产业和低污染产业。需要说明的是,为了更直接地体现"三废"排放对环境的污染,本书选择工业固废、工业废水和工业废气中比重较高且危害较大的排放物的总量作为污染排放总量,即污染排放总量＝工业固体废弃物排放量(万吨)＋工业废气中 $SO_2$、烟尘、粉尘的排放量(万吨)＋工业废水中化学需氧量(COD)、氨氮排放量(万吨)。

　　产业结构合理化主要是指产业之间的关联和协调能力。对产业结构协调性的评价往往使用比较劳动生产率或比较资本生产率，容易陷入绝对均衡化，与现实经济发展的非均衡性相背离。尤其是区域产业结构中往往不具备一国国民经济的所有部门，各地区比较优势不同，专业化部门各异，产业结构存在明显差异，为了提高区域的产业竞争力，每个区域一般都具有若干个在全国具有专业分工优势的产业部门，因此更强调产业之间的关联性。这里选择产业结构关联度指标来表征产业结构的合理化水平。影响力系数和感应度系数是衡量产业结构关联度最常用的指标，目前许多学术专著和大量应用性论文所使用的影响力系数和感受力系数的计算公式分别是：

$$\delta_j = \sum_{i=1}^{n} \bar{b}_{ij} \bigg/ \frac{1}{n} \sum_{j=1}^{n} \sum_{i=1}^{n} \bar{b}_{ij} \; ; \theta_j = \sum_{j=1}^{n} \bar{b}_{ij} \bigg/ \frac{1}{n} \sum_{i=1}^{n} \sum_{j=1}^{n} \bar{b}_{ij}$$

　　这里的 $\bar{b}_{ij}$ 是完全需要系数 $\overline{B}$ 的元素。为了使系数更具有实际的经济意义，刘起运建议将 $\overline{B}$ 矩阵（完全需要系数）只做列向分析，对 $\overline{D}$ 矩阵（完全供给系数）只做横向分析，并且将原来公式中的分母计算方法由算术平均法改为加权平均法[①]。本书将所计算的 42 部门的影响力系数和感应度系数分别相加，表示该区域每一单位最终产品的影响程度和感应程度。为了便于计算，将感应度系数和影响力系数之和作为产业关联度指标。需要说明的是，由于投入产出表不是每年都出版，且产业之间的投入产出技术联系在短期内也不会有太大变化，因此本书在对 2001 年后中国产业结构优化水平的纵向比较中使用 2002 年、2005 年和 2007 年的投入产出表的数据，就近年份选择相同的产业关联度。对中国省域 2010 年产业结构优化水平进行比较时选择最

---

　　① 刘起运：《关于投入产出系数结构分析方法的研究》，《统计研究》，2002 年第 2 期。

新出版的 2007 年投入产出表。

产业结构高级化是指产业结构随科技发展和分工深化向更高一级演进的过程,目前的研究主要从产业结构高加工化、高技术化、服务化研究等方面来衡量产业结构高级化。本书借鉴和延续前人的指标体系,选择第三产业增加值占 $GDP$ 的比重来衡量产业结构服务化的水平;用高技术产业产值占制造业总产值的比重来衡量产业结构高技术化水平;用制造业总产值占工业总产值的比重来衡量产业结构加工度水平。

## 4.2　主成分分析法

本章将采用主成分分析法对我国产业结构优化水平进行评价。下面对主成分分析方法的基本思想、方法用途和适用条件以及数据模型进行简要介绍。

### 4.2.1　基本思想

主成分分析法是数学上处理降维的一种方法,将原本具有一定相关性的多指标重组为几个独立的综合指标(主成分),选取少数几个综合指标并尽可能多地反映原有指标信息的一种统计方法。数学上的处理就是将原来的众多指标作线性组合,形成新的综合指标。即用线性组合后的第一个综合指标 $F_1$ 的方差来表达,即 $\mathrm{Var}(F_1)$ 越大,则表示第一个综合指标所囊括的信息越多,如果第一主成分还不足以表征原有的指标信息,就需要选取第二个综合指标 $F_2$,以此类推,直至所选取的综合指标能够代表原来所有的指标为止。$F_1,F_2,F_3\cdots$ 即被称为主成分,需要指出的是,所提取出来的主成分只要能够囊括主要的信息即可,不一定非要有准确的经济含义。

### 4.2.2 方法、用途和适用条件

#### (1) 方法和用途

处理共线性的问题：主成分分析是在不丢掉主要信息的前提下避开变量间共线性的问题，即某一主成分已经包含的信息不需要出现于其他主成分中，因此能有效地解决原有变量之间共线性的问题。

评价问卷的结构效度：通过主成分分析得出原有调查问卷中哪些问题用来研究哪些潜在特征（因子），从而得出调查问卷结构效度如何进行评价。流行病学和社会学调查中时常使用这个方法。

寻找变量之间的潜在结构：现实生活中，许多变量是没有办法直接观测到的，因此，通常需要运用一些与其相关并且可以直接观测的变量来间接反映。通过主成分分析就可以将原有变量间潜在的结构推导出来并加以利用。

#### (2) 适用条件

样本要求：主成分分析法对样本数量没有太严格的要求，但是要求各变量之间具有相关性，如果各变量之间没有可以共享的信息，就不能当作公因子提取。这一前提条件可以使用 $KMO$ 统计量和 Bartlett 球形检验加以判断。

$KMO$ 统计量是用来判断各变量之间的简单相关性和偏相关的大小，取值大于 0 小于 1，如果各变量之间存在一定的相关性，则计算时控制已有变量就会同时控制潜在变量，使得简单相关系数小于偏相关系数，$KMO$ 值越接近 1，做主成分分析的效果就越好，一般认为 $KMO$ 值 $> 0.9$ 时效果最好，$KMO$ 值 $> 0.7$ 则适合做主成分分析，$KMO$ 值 $< 0.5$ 就不适合做主成分分析。

Bartlett 球度检验：一般用于检验相关阵是不是单位阵，也就是各变量之间是不是各自独立的，如果检验结果为不拒绝原

假设,则表明变量是各自独立的。

### 4.2.3 主成分分析的数学模型

$$\begin{cases} F_1 = a_{11}ZX_1 + a_{21}ZX_2 + \cdots + a_{p1}ZX_p \\ F_2 = a_{12}ZX_1 + a_{22}ZX_2 + \cdots + a_{p2}ZX_p \\ \cdots \\ F_p = a_{1m}ZX_1 + a_{2m}ZX_2 + \cdots + a_{pm}ZX_p \end{cases}$$

其中 $a_{1i}, a_{2i}, \cdots, a_{pi}(i=1,2,\cdots,m)$ 为 $X$ 的协方差阵 $\sum$ 的特征值所对应的特征向量,$Z_{X1}, Z_{X2}, \cdots, Z_{XP}$ 是原始变量经过标准化处理的值。由于在现实应用中,各指标的量纲不同,因此计算前有必要将原始数据标准化,以消除量纲不同的影响。

$R_{ai} = \lambda_i a_i$,$R$ 为相关系数矩阵,$\lambda_i$ 是相应的特征值,$a_i$ 是单位特征向量,$\lambda_1 \geqslant \lambda_2 \geqslant \lambda_3 \cdots \geqslant 0$。

主要步骤如下所示:① SPSS 软件首先对原始数据进行标准化;② 根据 $KMO$ 值和 Bartlett 检验值判断是否适合做主成分分析;③ 按照要求确定提取的主成分数;④ 将所提取的主成分用于继续分析。

## 4.3 中国历年产业结构优化水平演变

### 4.3.1 数据来源及处理

本书从《中国统计年鉴》(2011)、《中国地区投入产出表》(2007)、《中国地区投入产出表》(2005)、《中国地区投入产出表》(2002)、《中国高技术产业统计年鉴》(2011,2006)和《中国工业经济年鉴》(2011—2001)等年鉴收集整理相关数据,并应用 SPSS 软件通过主成分分析方法对我国 2001—2010 年的优化水平进行测算。

**表 4-1　中国 2001—2010 年产业结构优化水平测度整理数据**[①]

| 指标 | 低能耗产业产值占工业总产值比重（%） | 低污染产业产值占工业总产值比重（%） | 第三产业增加值/GDP（%） | 高技术产业产值/制造业产值（%） | 制造业产值占工业总产值（%） | 关联度 |
|------|------|------|------|------|------|------|
| 2001 | 46.04 | 52.24 | 40.455 6 | 16.336 5 | 78.644 3 | 5.947 8 |
| 2002 | 45.98 | 52.61 | 41.467 5 | 17.801 9 | 76.565 7 | 5.947 8 |
| 2003 | 45.46 | 50.57 | 41.233 7 | 18.958 7 | 76.210 2 | 5.947 8 |
| 2004 | 46.05 | 50.76 | 40.381 5 | 18.090 1 | 69.047 5 | 6.809 6 |
| 2005 | 46.49 | 50.57 | 40.510 6 | 17.306 2 | 78.921 6 | 6.809 6 |
| 2006 | 52.02 | 50.55 | 40.938 0 | 16.761 0 | 79.143 0 | 6.809 6 |
| 2007 | 51.53 | 51.98 | 41.891 5 | 15.638 9 | 79.635 4 | 7.061 9 |
| 2008 | 57.29 | 59.06 | 41.822 0 | 14.160 8 | 79.443 6 | 7.061 9 |
| 2009 | 55.18 | 55.18 | 43.359 5 | 13.849 5 | 79.577 8 | 7.061 9 |
| 2010 | 53.45 | 53.45 | 43.142 1 | 13.451 2 | 79.503 9 | 7.061 9 |

### 4.3.2　测算结果

在表 4-1 的数据基础上，运用主成分分析法对变量进行 $KMO$ 和 Bartlett 球度检验，$KMO$ 检验结果为 0.652＞0.6，球度检验显示 sig. ＝0.000＜0.05，因此适合做主成分分析。通过 SPSS16.0 计算各相关矩阵的特征值和贡献率，根据方差分解主成分提取结果可知，有两个主成分的特征值大于 1，其累计方差贡献率达到 83.65%，也就是说该主成分能够解释所有指标 83.65% 的信息（见图 4-2）。

---

①　由于 2005 年的中国工业经济统计年鉴没有出版，因此 2004 年的制造业产值为估算值。

| 主成分 | 初始特征值 | | | 提取的平方载荷总和 | | |
|---|---|---|---|---|---|---|
| | 总方差 | 方差百分比 | 累积百分比 | 总方差 | 方差百分比 | 累积百分比 |
| 1 | 3.422 | 57.033 | 57.033 | 3.422 | 57.033 | 57.033 |
| 2 | 1.597 | 26.612 | 83.645 | 1.597 | 26.612 | 83.645 |
| 3 | 0.789 | 13.158 | 96.803 | | | |
| 4 | 0.171 | 2.853 | 99.656 | | | |
| 5 | 0.017 | 0.286 | 99.941 | | | |
| 6 | 0.004 | 0.059 | 100.000 | | | |

**图 4-2　2001—2010 年中国产业结构优化指标体系方差分解图**

将载荷矩阵中的数据除以主成分相对应的特征值开平方根便得到每个主成分中每个指标所对应的系数,并据此求得特征向量,将特征向量与标准化后数据相乘,得到每个主成分的特征值。并在此基础上,分别以各因子特征值占所有公因子总特征值的比重作为权重进行相加,得出综合主成分得分(见图 4-3)。

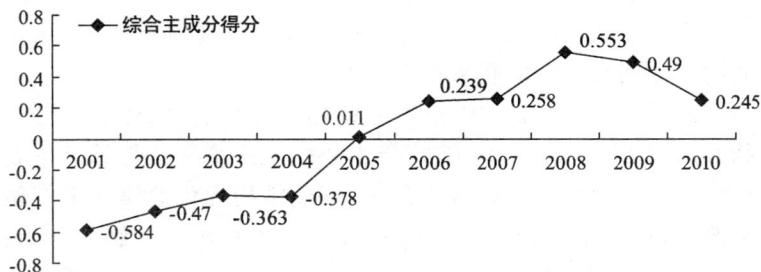

**图 4-3　2001—2010 年中国产业结构优化水平测算结果**

### 4.3.3　结果分析

从产业结构生态化指标的原始数据看,自 2001 年之后的 10 年间,我国的低能耗产业、低污染产业所创造的产值占国民经济总产值比重呈现逐步上升的趋势。2001—2005 各年低能耗产业总产值占国民经济总产值的比例均低于 50%,可见 2006 年之前,国民经济总产值更多的是由高能耗产业所创造的,

2006—2010 年低能耗产业所创造的工业总产值呈现波动上升，其占国民经济总产值的比重均超过 50％，2008 年达到最高值 57.29％，同样，低污染产业在 2000—2005 年间，所创造的工业总产值占国民经济总产值的比重一直徘徊在 50％～51％，2006 年之后，该比重明显上升，2008 年达到最高值 59.06％。

从反映产业结构高级化的三个指标看，这十年来，我国服务化水平略有提升，尤其在 2009 年和 2010 年较以往几年提升幅度较大。我国的加工度化水平略有上升，但近 5 年保持稳定，2006 年之后制造业占工业总产值的比重基本保持在 79.5％左右，值得注意的是，这十年期间，高技术水平呈现波动下降的趋势，2003 年高技术产业产值占制造业产值比重最高达到 18.96％，到 2010 年该比重下降至 13.45％，笔者认为这是由于高技术产业的增长速度低于制造业整体的增长速度造成的。

从产业关联度可知，我国产业部门的关联度从 2002 年的 5.95 提高到 2005 年的 6.81，进而在 2007 年提高到 7.06，可见我国产业间技术经济联系在逐渐增强。

应用主成分分析法综合产业结构合理化、高级化和生态化指标对我国 2001—2010 年的产业结构优化水平进行综合排名（见图 4-3）。结果显示，近十年来，产业结构优化总体水平有明显改善，从 2001 年到 2008 年，产业结构优化水平一路攀升，到 2008 年达到最高值，2006—2010 年的产业结构优化水平要明显优于 2001—2005 年的总体水平。从综合主成分得分看，2009 年和 2010 年的数值略有下降，这是因为 2008 年金融危机后，国家颁布了十大产业振兴计划，大力推动了传统产业的发展，使得产业结构生态化水平有明显下降，从而影响了产业结构优化的水平。因此，作者认为产业结构优化是产业结构生态化、产业结构合理化和产业结构高级化共同作用的结果，其中任何一方面发生改变，都将影响产业结构优化的整体水平。

## 4.4 2010年中国省域产业结构优化水平比较

本书同样从《中国统计年鉴》(2011)、《中国地区投入产出表》(2007)、《中国高技术产业统计年鉴》(2011)和《中国工业经济年鉴》(2011)等年鉴收集整理相关数据,并应用 SPSS 软件通过主成分分析方法对我国 30 个省域 2010 年的产业结构优化水平进行测算。

### 4.4.1 数据来源及处理

通过对各指标的数据进行搜集和整理,得到 2010 年全国 30 个省域的产业结构优化测算的原始数据,见表 4-2。

表 4-2 2010 年中国 30 省域产业结构优化水平测度整理数据

| 指标 | 低能耗产业产值/工业总产值 | 低污染产业产值/工业总产值 | 高技术产业产值/制造业总产值 | 制造业产值/工业总产值比重 | 第三产业增加值/GDP | 产业关联度 |
|---|---|---|---|---|---|---|
| 北京 | 0.654 1 | 0.654 2 | 0.299 3 | 0.729 9 | 0.751 1 | 5.96 |
| 天津 | 0.562 7 | 0.633 6 | 0.169 6 | 0.789 3 | 0.459 5 | 6.19 |
| 河北 | 0.452 6 | 0.451 3 | 0.035 2 | 0.769 1 | 0.349 3 | 5.82 |
| 山西 | 0.178 2 | 0.172 7 | 0.039 4 | 0.507 0 | 0.370 9 | 5.00 |
| 内蒙古 | 0.410 5 | 0.404 2 | 0.029 7 | 0.589 7 | 0.360 6 | 4.48 |
| 辽宁 | 0.593 3 | 0.593 3 | 0.057 0 | 0.829 1 | 0.371 1 | 5.63 |
| 吉林 | 0.729 3 | 0.733 9 | 0.067 2 | 0.825 8 | 0.358 9 | 5.13 |
| 黑龙江 | 0.525 0 | 0.648 4 | 0.060 2 | 0.612 8 | 0.372 4 | 4.66 |
| 上海 | 0.764 0 | 0.759 4 | 0.260 1 | 0.880 9 | 0.572 8 | 6.61 |
| 江苏 | 0.730 8 | 0.726 0 | 0.197 0 | 0.897 6 | 0.413 5 | 6.38 |
| 浙江 | 0.748 2 | 0.741 6 | 0.083 4 | 0.796 5 | 0.435 2 | 6.40 |
| 安徽 | 0.650 0 | 0.636 6 | 0.047 6 | 0.765 1 | 0.339 3 | 4.98 |

续表

| 指标 | 低能耗产业产值/工业总产值 | 低污染产业产值/工业总产值 | 高技术产业产值/制造业总产值 | 制造业产值/工业总产值比重 | 第三产业增加值/GDP | 产业关联度 |
|------|------|------|------|------|------|------|
| 福建 | 0.752 1 | 0.738 5 | 0.164 8 | 0.726 2 | 0.397 0 | 5.23 |
| 江西 | 0.551 2 | 0.543 6 | 0.090 4 | 0.826 7 | 0.330 3 | 5.13 |
| 山东 | 0.676 8 | 0.678 1 | 0.075 1 | 0.821 4 | 0.366 2 | 6.37 |
| 河南 | 0.577 8 | 0.571 4 | 0.046 7 | 0.750 6 | 0.286 2 | 5.60 |
| 湖北 | 0.668 4 | 0.653 8 | 0.071 3 | 0.850 7 | 0.379 1 | 4.74 |
| 湖南 | 0.616 8 | 0.603 7 | 0.060 5 | 0.809 0 | 0.397 1 | 4.54 |
| 广东 | 0.797 0 | 0.796 5 | 0.308 2 | 0.795 9 | 0.450 1 | 5.88 |
| 广西 | 0.608 5 | 0.591 4 | 0.056 1 | 0.799 6 | 0.353 5 | 4.49 |
| 海南 | 0.466 9 | 0.462 2 | 0.072 7 | 0.853 1 | 0.461 9 | 4.40 |
| 重庆 | 0.734 3 | 0.731 1 | 0.069 2 | 0.839 8 | 0.363 5 | 5.31 |
| 四川 | 0.652 8 | 0.624 1 | 0.121 1 | 0.768 4 | 0.350 9 | 4.90 |
| 贵州 | 0.419 3 | 0.373 1 | 0.135 2 | 0.567 1 | 0.473 1 | 4.80 |
| 云南 | 0.476 0 | 0.464 7 | 0.034 6 | 0.758 0 | 0.400 4 | 4.88 |
| 陕西 | 0.460 2 | 0.538 8 | 0.117 5 | 0.652 1 | 0.364 4 | 4.73 |
| 甘肃 | 0.277 5 | 0.313 7 | 0.021 7 | 0.764 9 | 0.372 9 | 4.67 |
| 青海 | 0.170 0 | 0.269 5 | 0.027 7 | 0.568 4 | 0.348 7 | 4.47 |
| 宁夏 | 0.329 2 | 0.320 1 | 0.027 9 | 0.669 0 | 0.415 7 | 5.19 |
| 新疆 | 0.280 2 | 0.461 5 | 0.008 3 | 0.644 5 | 0.324 9 | 4.72 |

### 4.4.2 测度结果

在该原始数据基础之上,同样运用 SPSS16.0 进行综合测算。其 *KMO* 检验的结果＝0.730＞0.6,Bartlett 球度检验结果,sig.＝0.000＜0.05,同样适合做主成分分析。根据方差分解主成分提取结果可知,特征值大于 1 的 2 个主成分累计方差贡献率大于 80%,达到 82.1%,即前三个主成分能概括全部指标 82.1%的信息,因此可以采用 2 个主成分来代替原来的 6 个指标,详见图 4-4。从方差旋转矩阵可见,第一主成分承载产业结构生态化、产业结构高加工度化指标的信息,第二主成分则主要承载了产业结构高技术化、高服务化、关联度等指标的信息(见图 4-5)。以此载荷矩阵求得 2010 年 30 个省市的综合主成分得分,并对得分进行排名,详见表 4-3。

**总方差解释**

| 主成分 | 初始特征值 | | | 提取的平方载荷总和 | | |
| :---: | :---: | :---: | :---: | :---: | :---: | :---: |
| | 总方差 | 方差百分比 | 累积百分比 | 总方差 | 方差百分比 | 累积百分比 |
| 1 | 3.619 | 60.323 | 60.323 | 3.619 | 60.323 | 60.323 |
| 2 | 1.307 | 21.776 | 82.100 | 1.307 | 21.776 | 82.100 |
| 3 | 0.510 | 8.492 | 90.592 | | | |
| 4 | 0.379 | 6.311 | 96.902 | | | |
| 5 | 0.150 | 2.502 | 99.404 | | | |
| 6 | 0.036 | 0.596 | 100.000 | | | |

**图 4-4 方差分解主成分提取分析图**

**旋转因子载荷矩阵**

| | 主成分 | |
| :---: | :---: | :---: |
| | 1 | 2 |
| 低能耗产业产值比重 | 0.924 | 0.266 |
| 低污染产业产值比重 | 0.914 | 0.252 |
| 高技术产业产值占制造业产值比重 | 0.348 | 0.870 |
| 制造业产业产值占工业总产值比重 | 0.874 | 0.026 |
| 第三产业占 GDP 比重 | −0.008 | 0.935 |
| 产业关联度 | 0.534 | 0.549 |

**图 4-5 方差最大化旋转因子载荷矩阵**

表 4-3　2009 年我国部分省域产业结构优化水平测度结果及排名

| 地 区 | 综合主成分得分 | 排 名 | 地 区 | 综合主成分得分 | 排 名 |
|---|---|---|---|---|---|
| 北京 | 1.780 1 | 1 | 湖南 | −0.169 5 | 16 |
| 上海 | 1.538 9 | 2 | 江西 | −0.190 1 | 17 |
| 广东 | 1.093 5 | 3 | 安徽 | −0.225 2 | 18 |
| 江苏 | 0.842 2 | 4 | 陕西 | −0.242 4 | 19 |
| 天津 | 0.670 3 | 5 | 河北 | −0.268 0 | 20 |
| 浙江 | 0.563 7 | 6 | 河南 | −0.310 3 | 21 |
| 福建 | 0.363 4 | 7 | 广西 | −0.317 5 | 22 |
| 山东 | 0.288 9 | 8 | 黑龙江 | −0.323 0 | 23 |
| 重庆 | 0.093 1 | 9 | 云南 | −0.350 9 | 24 |
| 吉林 | 0.033 8 | 10 | 宁夏 | −0.467 2 | 25 |
| 辽宁 | 0.000 1 | 11 | 内蒙古 | −0.694 7 | 26 |
| 四川 | −0.039 4 | 12 | 甘肃 | −0.707 0 | 27 |
| 湖北 | −0.070 3 | 13 | 新疆 | −0.817 8 | 28 |
| 贵州 | −0.088 4 | 14 | 山西 | −0.842 9 | 29 |
| 海南 | −0.168 5 | 15 | 青海 | −0.974 7 | 30 |

### 4.4.3　结果分析

（1）从表 4-3 的原始数据可见，不同地区的反映生态化、关联度和高度化的数值存在较大差异。山西、青海、甘肃、新疆、宁夏等省域的产业结构生态化水平远远低于其他省，也就是说 2010 年这些省域的工业总产值更多是由高能耗、高污染产业提供的，工业部门的发展对能源消耗和环境的压力较大，而上海、浙江、江苏、广东、福建等省域的产业结构生态化水平则相对较高；产业结构高技术化水平最高的广东省，其高技术产业产值占制造业产值的比重达 30.82%，而最低的新疆仅为 0.83%，该比重达到 10％以上的省市全国仅有 9 个；产业结构加工度化水平各省市均在 50％以上，江苏省最高达到 89.76％，较最低的山西省高出近 40％；产业结构服务化水平在各省市之间也存在一定差异，北京的第三产业/GDP 的比重达 75.11％，远远超过其他省市，由于我国整体还处于工业化发展阶段，除上海和北京以外，其他城市的第三产业增加值/GDP 比重均没有超过 50％；体现产业间技术经济关联水平的产业关联度相对较高的省市分别为：江苏、山东、上海、浙江、天津、北京等省市。

（2）从我国省域综合能力得分和排名看，北京、上海、广东、江苏、天津、浙江、福建、山东、重庆、吉林得分均大于 0，位列全国前十，与全国其他省域相比有较高的产业结构优化水平。从区域分布看，这些地区中除吉林属于东北地区，重庆属于西部，其他 8 个均属于我国的东部地区。而产业结构优化水平相对较低的省份多位于西部地区①。从 2010 年的综合排名看，位于后十位省市有 8 个来自西部。因此，基于 2010 年的横截面数据比较，东部地区的产业结构优化水平相对较高，中部地区次之，西部最低。

（3）与地区经济发展水平的排名②比较，各省市人均 GDP 排名与产业结构优化水平的排名存在一定的差异，总体可以分为四种情况，如图 4-6 所示。

---

① 依据《中国统计年鉴》中的行政区划，将北京、天津、河北、上海、江苏、浙江、福建、山东、广东、海南等 10 个省市划入东部，山西、安徽、江西、河南、湖北、湖南等 6 个省份划入中部，内蒙古、广西、重庆、四川、贵州、云南、陕西、甘肃、宁夏、新疆、青海等 11 个省市区划入西部，辽宁、吉林、黑龙江等 3 个省份划入东北地区。

② 根据《中国统计年鉴 2011》中的人均 GDP，各省从高到低的排名为：上海、北京、天津、江苏、浙江、内蒙古、广东、辽宁、山东、福建、吉林、河北、湖北、重庆、陕西、黑龙江、宁夏、山西、新疆、河南、湖南、青海、海南、四川、江西、广西、安徽、甘肃、云南、贵州。

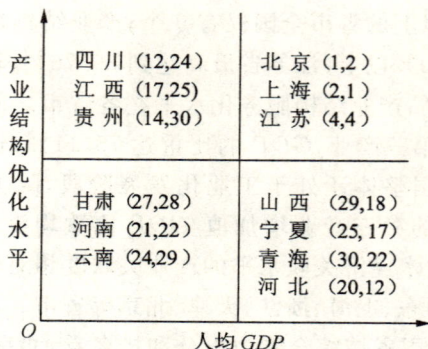

**图 4-6  产业结构优化水平排名与人均 GDP 排名象限图**

第一种情况是产业结构优化水平与人均 GDP 的排名相当，且都位居全国前列，例如北京、上海、江苏等省市；第二种情况是产业结构优化水平与人均 GDP 的排名都位列全国倒数，例如甘肃、河南、云南，这些省市的总体经济水平较低，且产业结构优化水平也相对较差；除此之外还有两种情况，一种情况是产业结构优化水平的排名相对靠前，但人均 GDP 的排名却较为落后，例如四川的产业结构优化水平在全国排在第 12，但经济发展水平排名却位列 24，贵州的产业结构优化水平的排名与人均 GDP 的排名相差 16 名，江西省也有类似的情形，可以说，这些省市的产业结构优化水平尚可，但是总体经济水平比较落后；还有一种情况是产业结构优化水平落后于经济发展的相对水平，例如，山西的人均 GDP 排名位列全国第 18，但产业结构优化水平的排名却为 29，宁夏、青海、河北等省的产业结构优化水平排名与人均 GDP 的排名也具有较大的差距，考察原始数据可以发现山西省的产业结构优化水平低下主要是由于产业结构生态化水平较低，其低能耗产值占工业总产值的比重仅为 17.82%，低污染产业产值占工业总产值的比重仅为 17.27%，宁夏、青海、河北的产业结构生态化水平也相对低于其他省市，使得其产业结构优化综合水平排名远低于经济发展水平的排名，可以说山西、宁夏、青海、河北等省的经济发展还是更多地依靠高能耗高污染的产业，其经济增长方式依然是粗放型的。

当前经济发展目标下的产业结构优化是由产业结构合理化、高级化和生态化共同作用的结果，要提升产业结构优化水平不仅需要分别提高合理化、高级化和生态化的水平，更重要的是协调三者的关系，不可顾此失彼。虽然有学者认为产业结构调整对经济效益的作用在逐渐降低[1][2][3]，本书第 3 章的研究也发现产业结构变动不利于生态效益的实现，这说明依赖传统产业结构调整的路径已经不再适合以经济—生态综合效益为目标的经济发展方式。在当前的经济发展目标下，如何改变产业结构调整的路径和方向，以实现经济—生态效益的统一，具有重要而深远的意义。笔者认为，将自然界生态系统原理应用到经济系统可能是解决这一问题的有效途径。

## 4.5 本章小结

本章依据产业结构优化新的目标，重新构建基于经济—生态综合效益的产业结构评价指标体系，在原有的产业结构合理化和高级化指标上添加了反映生态化方面的指标，主要包括低能源产业产值占工业总产值的比重、低污染产业产值占工业总

① 干春晖，郑若谷：《改革开放以来产业结构演进与生产率增长研究》，《中国工业经济》，2009 年第 2 期。

② 刘伟，张辉：《中国经济增长中的产业结构变迁和技术进步》，《经济研究》，2008 年第 11 期。

③ 吕铁：《制造业结构变化与生产率增长的影响》，《管理世界》，2002 年第 2 期。

产值的比重。应用主成分分析法对我国历年及分省域的产业结构优化水平进行测算。结果显示,2001—2010 年以经济和生态综合效益为目标的产业结构优化水平整体呈现上升趋势;从省域比较看,产业结构优化水平综合排名与各地区的经济发展水平排名具有一定的差异,山西等省域产业结构优化水平的排名远落后于人均 GDP 的排名,说明这些省份的经济增长更多的是依赖高能源、高污染的产业,而四川等省域的产业结构优化水平的排名却远高于人均 GDP 的排名。笔者认为,这些省份的产业结构优化水平尚可,需要提高经济总量来提升整体经济发展水平。笔者认为,在经济—生态综合效益下的产业结构优化水平是产业结构关联度水平、产业结构高级化和生态化共同作用的结果,因此只有保证这三方面的均衡发展,才能实现当前产业结构优化水平的提高,才能最终实现经济—生态综合效益。传统产业结构调整的方向和路径已经不再适合以经济—生态综合效益为目标的经济发展方式,因此有必要应用新的路径来实现产业结构优化。

# 5 产业结构优化的产业共生路径

　　第 3 章和第 4 章研究了产业结构变动对经济—生态效益的关系和当前的产业结构优化水平,通过实证分析发现,中国的产业结构变动对生态效益具有负效益,并指出要有效发挥产业结构的资源配置器的作用[①],就需要改变原有产业结构调整的路径。本书试图将产业生态学、生态经济学的相关理论引入产业结构优化的研究,本章和第 6 章分别研究了产业结构优化的产业共生路径和生态创新路径。本章重点分析产业结构优化的产业共生路径,从产业共生的基本属性和特征出发,深入分析产业共生对产业间的协调能力、资源利用效率和产业系统稳定性等方面的促进作用,并以芬兰制浆造纸业工业园为案例进行实证分析。

## 5.1 产业共生促进产业结构优化的必然性

　　本书第 2 章指出传统产业结构优化理论在当前的经济发展目标下具有一定的局限性,因此需要对产业结构优化的内涵进行调整和改进。产业结构优化的最终目标是使产业系统能够实现经济—生态综合效益,并提高产业系统在资源、环境等外在因

---

　　① 孔令丞:《论中国产业结构优化升级》,中国人民大学博士学位论文,2003 年。

素冲击下的稳定性。众所周知,在所有的系统中,自然系统被认为是最完美的系统,因此人们不断地从自然系统中寻找生态规律以期解决其他学科棘手的问题。产业共生的研究对象也是产业[①],它是指产业之间形成类似于自然界生物体之间的那种以不同的相互获益关系生活在一起的复杂关联关系,这一概念已经成为产业生态学的关键概念[②③]。产业共生的基本特征、属性、实现过程决定了它是产业结构优化的必然选择,本书从以下三点进行解释说明:

(1)产业共生的基本特征是资源使用的循环性,产业系统内各共生单元通过互利共生、偏利共生、寄生等共生模式形成各种有机联系,这种有机联系不仅包括传统产业关联中所指的产业间的基本物质投入产出的线性关系,还包括废弃物和副产品的再利用,并最终实现产业系统内资源循环利用的闭环模式。除了物质资源关联外,共生体之间技术合作、知识共享、信息交流方式进一步深化了产业关联关系,能够加强产业之间的聚合程度,提高各种资源在产业系统内的利用效率,因此创造出更多的生态效益。

(2)产业共生是受到内外驱动力作用而自发形成的,内在驱动是产业之间的关联性质或产业链的连续性质,外在驱动是这种关联关系所带来的价值增值的作用,即共生效益[④]。这种

---

① 胡晓鹏:《产业共生:理论界定及内在机理》,《中国工业经济》,2008 年第9 期。

② Lowe E A,Evans L K. Industrial Ecology and Industrial Ecosystem. *Journal of Cleaner Production*,1995(3).

③ Korhonen J. Industrial Ecology in the Strategic Sustainable Development Model:Strategic Application of Industrial Ecology. *Journal of Cleaner Production*,2004(12).

④ 同①。

共生效益是由产业系统内资源多级传递和循环利用所实现的，并不是客观因素对产业系统的诉求，而是产业系统本身的诉求。就像自然生态系统中，狼吃掉兔子是为了实现自己的生存和繁衍，而不是为了控制兔子的数量以使草原不退化。在产业系统内，某一产业的废弃物转化为另一产业的原材料时，就创造了额外的经济收益，而某一产业使用其他产业的废弃物来替代原材料时，就可能节约经济成本，类似于这种经济收益和经济成本就成为资源在产业间传递的驱动力，同时也增加了产业系统整体的经济效益。

（3）产业共生的过程是各产业在一定的空间范围内通过资源循环利用、信息交流、知识共享等途径实现协同进化的过程，这种进化过程不同于单个产业独立进化，强调整体性与和谐性。进化过程中可能会产生新的共生单元，也可能产生新的产业共生形态，使得产业系统也呈现像生态系统那样的多样性，使整个系统网络变得更为错综复杂。在自然生态系统中，热带雨林大多具有很强的抵抗力稳定性，因为其物种组成十分丰富，结构比较复杂，热带雨林受到一定强度的破坏后，也能较快地恢复。相反，对于极地苔原（冻原），由于其物种组分单一，结构简单，其抵抗力和稳定性都很低，在遭到过度放牧、火灾等干扰后，恢复的时间也十分漫长。因此，产业共生能够提高产业系统内部的复杂性，增强产业结构对外在因素冲击的抵抗能力和恢复能力，从而提高产业系统的稳定性。

综上所述，产业共生的基本特征、属性决定产业系统将获得更多的经济效益和生态效益，且产业共生强调各产业的协同进化，增强了产业系统的稳定性。因此，运用产业共生路径有助于实现当前产业结构优化的最终目标。产业共生可通过提升产业间协调能力、提高产业生态效益、促进产业系统的稳定性三条路径来实现产业结构优化。

## 5.2 产业共生提升产业间的协调能力

### 5.2.1 产业结构协调的内容

产业结构优化是一个相对动态的过程,如何在这个过程中保持产业间的平衡状态,就得依赖产业结构的协调能力。"木桶原理"启示我们,产业系统的总产出能力并不取决于最强的产业,而是取决于相对最弱的产业(通常称为瓶颈产业)。如果各产业的成长缺乏平衡性,就会极大地降低整个产业系统的产出能力和产出水平,并影响产业系统的稳定。

当然,这里所指的"协调"并不是要求各产业保持绝对的均衡,而是要求各产业之间具有较强的互补和谐能力和相互服务的能力。产业结构的协调性需要从两方面来衡量:一是数量协调,二是质量协调。

数量协调又包括总量协调和结构协调。总量协调是指产业系统总供给与总需求的协调,这是经济持续发展的基本要求。当产业系统的总供给超过了全社会的最终需求,生产就会出现剩余,产品滞销和价格下跌会影响产业系统活力,而当产业系统的总供给小于最终需求,将会造成产品供不应求,并引致社会动荡以及下一阶段的盲目投资扩张,将进一步导致总供给与总需求之间的不平衡性。结构协调是指相互关联的产业之间实现供给与需求的平衡,这就要求产业间具有相对平衡的增长速度。结构协调是总量协调的基础,总量协调不一定代表结构协调,而结构不协调必然带来总量的不协调。

质量协调一般指产业之间各生产要素的技术水平和生产率相对协调。如果各产业技术进步速度不同,并且在技术要求和技术吸收能力存在巨大差异,导致各产业增长速度存在较大差异,就会引起一国产业结构的变动。各产业之间如果存在技术水平和生产率水平的较大差异,投入要素会从低生产率或者低生产率增长率的部门向高生产率或高生产率增长率的部门流动,以促使整个社会生产率的提高,并带来经济的持续增长,这就是所谓的"结构红利"。换句话说,只要各产业投入要素的技术水平和边际生产率存在较大差距,经济增长的结构效益就还有提升的空间①。

产业结构的数量协调和质量协调是相互影响、相互制约的。笔者认为产业间数量和质量不协调的主要原因是:原材料供应不稳定,产业间供需不匹配、不同步。产业共生的资源循环利用的基本属性以及产业间的技术合作、学习交流和知识共享能有效地避免影响产业间协调的因素,提高产业间的协调能力。

### 5.2.2 由废弃物再利用增加原材料供给途径

美国经济学家博尔丁曾提出宇宙飞船理论,他认为地球就像是行驶在太空中的宇宙飞船,如果一味地不合理地开发资源,使其自身的资源消耗超过了环境的承载力,就必然走向灭亡。但是任何生产活动都离不开资源的消耗,随着经济的快速发展和人口数量的不断增加,水、土地、能源、矿产等资源不足的矛盾就会越来越突出。例如钢铁产业的发展就需要消耗大量的能源、水资源和矿产资源,在我国生产 1 kg 的普通钢材需要消费能源 56.65MJ,其中对煤炭的直接消耗为 49.55MJ,占总能耗的 87.5%,每生产 1 kg 生铁需要 3 kg 的铁矿石(贫矿)、0.5 kg 焦炭,因此要生产 1 亿吨的普通钢材就需要消耗上亿吨的铁矿石和上千万吨的耐火材料,一旦其中一种原材料供给紧张造成价格波动,就会影响钢铁产业的原材料的供给,进而影响该产业的产出总量,并最终影响钢铁产业与其他产业之间的供需平衡。

---

① 温杰,张建华:《中国产业结构变迁的资源再配置效应》,《中国软科学》,2010 年第 6 期。

因此在最初的原材料选择变得不可取时，就需要有"替代原材料"来保证产业的正常生产活动。

在产业共生理论中没有原材料和废弃物之分，所有的废弃物都可以被看作是没有得到充分利用的原材料，只要清洁生产、物质循环和生态工程等各种技术达到足够高的水平，所有的废弃物都有可能成为某一产业的原材料。当然以现有的技术水平不可能实现这一乐观的说法，但是对于废弃物与副产品的循环再利用已经被证实是行之有效的方法。例如钢铁产业可以将装备制造业和其他制品业的金属废料作为替代原材料，以弥补铁矿石供给的不足，这无疑拓宽了各产业原材料的来源，并且原材料选择的不同还能改变生产过程的总能源消耗量。这里我们借用 Graedel 和 Allenby 的能源使用分析图[①]来比较产业对于原材料供给的不同选择所造成的总能耗的变化。首先，假设我们将一个产业过程的 3 个环节的单位产出能耗记为 $E_p$，$E_f$ 和 $E_m$，$\beta$ 是生产过程中产生的可直接利用的生产废弃物（比如废气物料、机床切屑），为简单起见，规定产出材料数量为 1 kg，图 5-1 为仅使用天然材料作为原材料的金属加工示意图，那么每千克材料产出所需要的能耗可以表示为：

$$R = E_p + E_f(1+\beta) + E_m(1+\beta) \tag{5-1}$$
$$= E_p + (E_f + E_m)(1+\beta)$$

从式（5-1）可知，由于 $E_p$，$E_f$ 和 $E_m$ 保持不变，所以 $\beta$ 值越小的生产过程的单位产出需要的能耗越小。

图 5-2 则为产业既使用天然材料又使用再生材料的金属加工示意图。由于再生材料只需要进行二级加工，比起初级加工来，能源消耗强度大大降低。$\phi$ 表示从初级加工获得原材料的比例，$\Omega$ 表示以天然材料进入生产的物质量，$\psi$ 表示投入生产的消费

---

① Graedel T E, Allenby B R：《产业生态学》，施涵译。清华大学出版社，2004 年。

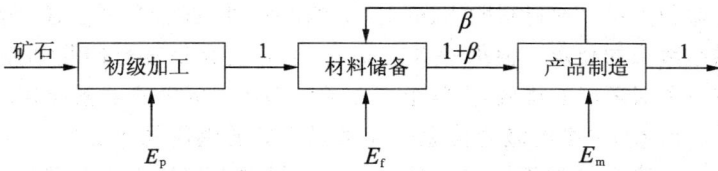

**图 5-1 仅使用天然材料的加工系统示意图**

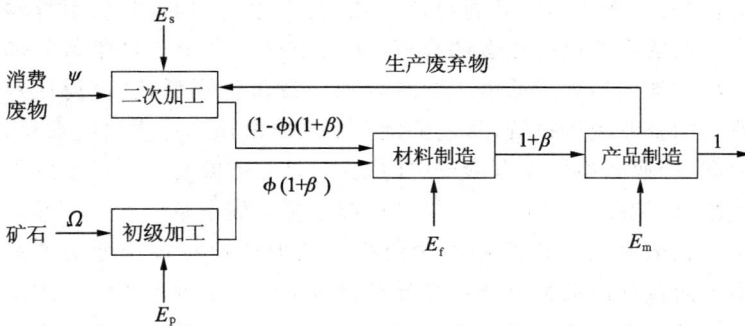

**图 5-2 一个既使用天然材料又使用再生材料的金属加工系统**

废弃物量,那么在这个系统中每千克产品的能耗表示为式(5-2):

$$R' = E_p \phi(1+\beta) + E_s(1-\phi)(1+\beta) + E_f(1+\beta) + E_m(1+\beta)$$
$$= [\phi E_p + (1-\phi)E_s + E_f + E_m](1+\beta)$$

$$(5-2)$$

因为 $E_p > E_s$,所以通过尽可能减少 $\phi$ 和 $\beta$ 能够降低总能耗。

将式(4-2)与式(4-1)的总能耗相减可以得到:

$$\Delta R = R - R' = (1-\phi)(E_p - E_s) \qquad (5-3)$$

由于 $0 < \phi < 1, E_p > E_s$,所以 $\Delta R > 0$,也就是说使用再生材料能够降低该产业单位产出的能耗总需求量。在此基础上,产业还可以综合天然材料与再生材料的购入价格,来综合考虑原材料来源的选择。这样不仅减少了产业购置原材料的经济成本,也避免了单一原材料购入途径所面临的种种风险,有利于各产业供给数量的稳定。值得一提的是,由于对废弃物进行回收利用,减少了对环境的排放,为整个产业系统创造了更多的生态效益。

### 5.2.3 由区域内信息交流实现各产业供需同步

生产环境的不确定性是造成产业间供需数量不协调和技术水平不协调的重要原因之一。产业产量通常会出现周期性的波动,当某一产业的产品的价格上涨,会产生更多的利润,引导该产业内的企业进行更多的投资,从而带动下一阶段供给数量的大幅增加。当该产品由于数量增加引致价格降低,会使得该产业内的企业减少投资,从而降低了下一阶段该产业供给的数量。因此,产业间如果没有形成协同波动,就会造成需求与供给的较大缺口,如图 5-3 所示。图 5-3 中纵坐标 $q$ 表示某产业的产品数量,$t$ 代表时间。该产业供给曲线与其他产业对该产业的产品需求曲线的波动都呈现周期性的波动,但是这两条曲线的波动不同步。本书选择了 3 个时间点 $t_1$,$t_2$ 和 $t_3$,$t_1$ 时间点上该产业的供给数量超过了其他产业对它的需求数量,产生 $G_1$ 的供需缺口,在 $t_2$ 时间点上,该产业的需求数量又超过了其供给的数量,造成供给不足,产生了 $G_2$ 的供需缺口。在这些供给曲线与需求曲线之间的差额 $G_1$,$G_2$,$G_3$,就分别代表各个时期供给与需求之间的数量缺口。

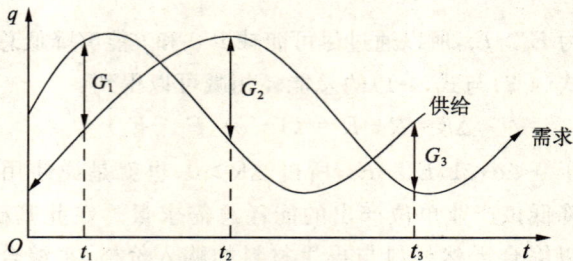

图 5-3 产业供给与需求周期变动曲线

　　首先,产业共生具有类似于生物群落的特征。共生产业时常表现在一特定区域范围集聚,工业生态园中各企业群基本上呈群落分布,这种群落分布有利于产业内部和不同产业间的信息交流以及废弃物和副产品的交换。因此产业共生具有一定的地域范围的约束,在一定的区域范围内,共生产业体系内的企业通过内生媒介进行信息和能量交流,内生媒介的水平要高于通过外生媒介交流的水平,这种交流方式就能消除共生对象的随机性,减少信息在传导过程中的损失与失真,使得上下游企业能够更准确地预知供给和需求的数量,了解彼此的技术水平。

　　其次,产业共生是以经济利益为驱动而形成的产业间的关联关系。下游产业内的企业与上游产业内的企业一旦建立了物质、资源的买卖关系就希望能够维持这种经济效益的获得。但为了追求更高的经济利益,也会使产业内的企业遇到一些类似于原材料供应中断、原材料品质变化等诚信问题,从而影响正常的生产。已有的工业园成功案例中,各产业间的企业通过使用各种方法以实现稳定的对称互惠的关系。比如,上下游产业中的企业在自愿的原则上,使用交易谈判的办法,形成针对产品、副产品、废弃物交易的书面协议,上游产业的企业提供低于其他企业所提供的副产品交易价格,而下游产业的企业则同意优先接纳上游企业的生产剩余物,包括各种副产品和废弃物。通过对产品、副产品和废弃物的供给数量和价格的双边约束,上下游产业内的企业都获得了好处,上游企业减少了对副产品的处置费用并以此额外获得了出售副产品和废弃物的收益,同时下游产业则因此获得价格稳定、低廉的产品或副产品。由此,下游产业的产量就会跟随上游产业的产量的波动而波动,实现了产业间的"按需供给",并最终实现各产业的协同进化,有效地避免了产业供需周期波动的影响。当然,正如前文所说,这种供需同步的实现受到地域空间范围的影响,也受到产业内各企业诚信程度的制约。

## 5.3 产业共生提高资源的利用效率

### 5.3.1 资源利用效率的内涵

所谓资源利用效率,就是资源投入与产出的比值。资源包括自然资源和非自然资源两类。所谓自然资源就是取自于大自然的生产要素,例如煤炭、石油等各种生产用能源,水、金属、非金属矿物等各种生产要素;也可以包括劳动、资本、创新等各种非自然资源。由于经济主体的短视性,使得同作为生产要素的自然资源常常被忽略。经典的 $C$-$D$ 生产函数认为资本 $K$ 和劳动 $L$ 是生产函数中主要的生产要素,但是越来越多的学者认为除了劳动和资本外,能源和环境也应该被作为生产要素。Jorgenson 等就提出了新的经济增长模型(KLEM),模型将能源 $E$ 以及其他的资源 $M$ 作为生产要素,并与劳动 $L$ 和资本 $K$ 一起引入生产函数[1],Kummel,Julian 和 Dietmar, Ayres 和 Warr,Murillo Zamorano,Kasahara 和 Joel 等学者也将能源作为投入要素引入生产函数。可见自然资源的重要性已经逐渐显现,并引起了社会各界的重视。本书所讲的资源仅指自然资源[2][3][4][5]。

---

① Jorgenson Dale W, Frank Gollop, Barbara Fraumeni. *Productivity and U. S. Economic Growth*. Harvard University Press,1987.

② Kummel Reiner,JuLian Henn,Dietmar Lindenberger. Capital,Labor,Energy and Creativity. *Structural Change and Economic Dynamics*,2002(13).

③ Ayre R U,Warr B. Energy,Power and Work in the US Economy,1900 — 1998. *Energy*,2003(3).

④ Mullillo Zamorano L R. the Role of Energy in Productivity Growth:a Controversial Issue? *The Energy Journal*,2005(2).

⑤ 史丹:《国际金融危机之后美国等发达国家新兴产业的发展态势及其启示》,《中国经贸导刊》,2010 年第 3 期。

对于自然资源的利用效率,目前存在两种理解。第一种理解是资源的投入与产出的比值,简单地说,就是 $X$ 单位的资源投入,带来了 $Y$ 单位的产出(产值、增加值),那么其资源利用效率可以表示为:$U = Y/X$。当然经济产出并不是由一种资源投入带来的,因此在实际操作过程中,通常会选择一揽子的资源投入,并运用非线性的方法(DEA)来考察各种资源的使用效率。在资源投入一定的情况下,产出 $Y$ 越多则资源利用效率越高,为了方便区分,本书将这种资源利用效率称为资源利用的经济产出效率。

第二种理解是指资源投入在生产过程中多大程度地使用。同样是 $X$ 单位的资源投入,在经过一定的生产活动之后,产生 $Z$ 单位的废弃物,那么资源的利用效率 $U' = (1-Z)/X$,因此废弃物 $Z$ 越小,则利用效率越高。出于对自然资源的重视,也已经有不少学者开始重视资源单个产业内部的利用效率,或者在整个产业系统内的利用效率。本书称这种资源利用效率为资源利用率。

技术革新无疑是提高资源利用效率最有效的办法,这里所指的技术多半是指在原有的生产流程上,通过改进加工工艺来实现生产效率的提高。比如近 30 年来,技术革新使冶金工业所使用的设备向大型化、高速化、自动化的趋势发展,减少了单位生产能力的基建投资,提高了资源使用效率。产业共生的资源循环利用和多级递进的属性决定,它也是提高资源利用效率的有效路径之一。

### 5.3.2 由资源循环利用提高资源利用率

产业共生的基本属性是资源循环利用,是指产业系统内各产业通过各种共生模式形成有机联系,包括产业间的物资投入产出的线性关系,还包括废弃物和副产品的再利用,并最终实现产业系统内资源循环利用的闭环模式。

这种资源循环利用的闭环模式使得资源在各产业之间实现多级递进,提高资源自身的利用率。由 5.3.1 可知,当某种资源作为产业 A 的原材料,投入 $X$ 个单位,生产之后产生废弃物 $Z_1$ 个单位,其资源利用率为:$U_1 = (1-Z_1)/X$,废弃物产生量直接决定了资源利用效率,产生的废弃物 $Z$ 越多,则资源利用效率越低,相反废弃物 $Z$ 越少,则资源利用效率越高。格尼尔·波利曾提出"零排放",即废弃物为零,也就是资源在生产过程中被100% 使用了,当然这只是一种理想化的状态,现实生产中是很难实现的。如果产业 A 与产业 B 存在某种共生关系,A 产业的废弃物正好是 B 产业的生产资料,那么就将 A 产业产生的 $Z_1$ 废弃物投入 B 产业,B 产业经过生产之后产生 $Z_2$ 废弃物,那么该资源的利用效率即变为:$U_1 = (1-Z_2)/X$,依次类推,经过 $n$ 个产业之后,该资源的利用效率为 $U_n = (1-Z_n)/X$,由于 $Z_n < Z_1$,则$U_1 > U_n$。也就是说产业系统内某种资源经过多级递进之后,其资源本身的利用率就会大大提高。由此可见,产业共生的资源循环利用的基本属性实现了产业系统内资源利用效率的提高。

现以煤炭产业为例对以上两方面的内容进行论证。传统的煤炭产业是典型的资源使用效率低、对环境污染较大的产业,但是事实上煤炭产业的废弃物中有不少是可以转化为其他产业的生产资料的。煤炭产业的固体废弃物煤矸石是由多种矿岩混合物组成的,煤矸石的丢弃不仅侵占了大量土地,而且还会自燃产生大量有害气体,造成环境破坏。其实煤矸石含有大量的可再利用物质,具有良好的利用价值。比如可以利用中碳至高碳的煤矸石(热值大于 3 768.12 J/kg)作燃料进行发电;用煤矸石代替黏土和部分燃料生产水泥(利用煤矸石与黏土化学成分相近并能释放一定热量的特性),有利于提高熟料的品质;从煤矸石中还能提取出硫酸铝、氯化铝、铵明矾、硫黄等化工产品为其他产业所使用。煤炭产业的废气瓦斯也叫煤层气,其成分是甲烷,与天然气一样,是一种较为安全、优质和清洁的能源,但如果将其排放到空气中将产生大于 $CO_2$ 20 倍的温室效应,对臭氧的破坏也超过 $CO_2$ 的 7 倍,但瓦斯气可以用来发电,也可以用作一些工业用途,甚至可以作为居民的生活燃料;水煤浆也是一种清洁能源,在锅炉中的燃烧效率可以达到 99%。

如果煤泥发电厂、煤矸石发电厂将所产生的废弃物粉煤灰供给建材厂,该废弃物就会重新进入生产流程,经过各产业间的多级递进,最终所产生的废弃物总量一定少于发电厂最初排放总量,因此有效提高了煤炭资源自身的利用率。鉴于此,一些地区已经开始重视这个问题,并积极地开发煤炭产业与其他产业的关联,形成煤—油—化工产业链(如图 5-4 所示)、煤—焦—化工产业链、煤—电—深度加工产业链、煤—电—生态复垦产业链、煤矸石(粉煤灰)—建材—建筑产业链等,变废为宝,提高了煤炭的附加价值,也因此提高了煤炭资源的利用率。

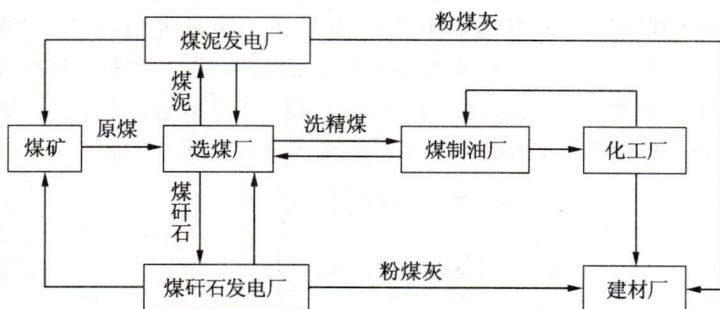

**图 5-4 煤—油—化产业链**

### 5.3.3 由共生效益提高资源利用的产出效率

产业共生具有价值增值的属性,即产业之间通过各种形式的共生模式产生共生效益,这种共生效益是产业共生的外在驱动力。对于各产业本身,这种共生效益主要就是经济效益,而对于整个产业系统,共生效益不仅包括经济效益还包括生态效益。

对于单个产业,在投入一定量的初始资源后,其资源利用的经济产出效率主要取决于产出 $Y$ 的值,$Y$ 值越大,则效率越高。由产业共生创造的生态效益就增加了各共生单元的总产出,提高了资源利用的经济产出效率。采用 Logistic 方程可以论证这一观点。

Logistic 方程是比利时数学生物家弗胡斯特于 1838 年提出的。用来描述种群增长动态的数学模型,其标准形式为式(5-4)所示。$Q$ 表示种群个体数,$r$ 表示每个个体在不受环境限制的条件下的最大增长率,$N$ 为环境容量,表示环境提供的最大实物量。这个数学模型也可以被用来刻画种群之间的相互作用关系[①]。

$$\frac{\mathrm{d}Q}{\mathrm{d}t} = rQ\left(1 - \frac{Q}{N}\right) \tag{5-4}$$

用该模型来研究产业共生关系,则 $Q$ 表示产业产出,产出是时间的函数,$N$ 是指产业的产出存在一个最大值,与时间无关。$r$ 表示产业产出的平均增长率。假设有两个产业 1 和产业 2 具有某种共生关系,分别用 $Q_1$ 和 $Q_2$ 来表示它们的产出,因此,这两个产业原来的产出水平满足 Logistic 模型,即:

$$\frac{\mathrm{d}Q_1}{\mathrm{d}t} = r_1 Q_1\left(1 - \frac{Q_1}{N_1}\right) \tag{5-5}$$

$$\frac{\mathrm{d}Q_2}{\mathrm{d}t} = r_2 Q_2\left(1 - \frac{Q_2}{N_2}\right) \tag{5-6}$$

产业 1 和产业 2 发生某种共生关系之后,就对彼此的产出产生了一定的促进作用,假设 $\lambda$ 为"促进系数"。则各产业的产出水平可以改写为:

---

① 张萌,姜振寰,胡军:《工业共生网络运作模式及稳定性分析》,《中国工业经济》,2008 年第 6 期。

$$\frac{\mathrm{d}Q_1}{\mathrm{d}t}=r_1Q_1\left(\frac{1-Q_1}{N_1}+\frac{\lambda_1Q_2}{N_2}\right) \tag{5-7}$$

$$\frac{\mathrm{d}Q_2}{\mathrm{d}t}=r_2Q_2\left(\frac{1-Q_2}{N_2}+\frac{\lambda_2Q_1}{N_1}\right) \tag{5-8}$$

产业 1 和产业 2 的共生关系达到稳定时，可以表示为式 (5-9)：

$$\begin{cases} f(Q_1,Q_2)=\dfrac{\mathrm{d}Q_1}{\mathrm{d}t}=r_1Q_1\left(\dfrac{1-Q_1}{N_1}+\dfrac{\lambda_1Q_2}{N_2}\right)=0 \\ g(Q_1,Q_2)=\dfrac{\mathrm{d}Q_2}{\mathrm{d}t}=r_2Q_2\left(\dfrac{1-Q_2}{N_2}+\dfrac{\lambda_2Q_1}{N_1}\right)=0 \end{cases} \tag{5-9}$$

可以得到此时的平衡点为：$P_1\left(\dfrac{N_1(1+\lambda_1)}{1-\lambda_1\lambda_2},\dfrac{N_2(1+\lambda_2)}{1-\lambda_1\lambda_2}\right)$。

则此时两个产业的最大产出分别为 $\dfrac{N_1(1+\lambda_1)}{1-\lambda_1\lambda_2}$，$\dfrac{N_2(1+\lambda_2)}{1-\lambda_1\lambda_2}$，由于两个产业处于某种稳定的共生关系，则 $0<\lambda_1\lambda_2<1$，因此，$\dfrac{N_1(1+\lambda_1)}{1-\lambda_1\lambda_2}>N_1$，$\dfrac{N_2(1+\lambda_2)}{1-\lambda_1\lambda_2}>N_2$。也就是说当两个产业处于某种共生关系时，其产出比独立经营时的产出要高，并且这种产出的增加不是来源于技术的进步，而是一种共生效益，并且这种共生效益的大小主要取决于共生单元之间的"促进系数"，当彼此的促进关系很弱或接近于 0，则共生效益只会微大于原有的最大产值，共生关系越紧密，则 $\lambda_1\lambda_2$ 越接近于 1，则共生效益会远远大于原最大产值。当产出 $Y$ 增加，则一定资源投入下，资源利用的产出效率 $U=Y/X$ 自然就提高了。因此，产业共生能产生共生效益，使各产业在一定的资源投入下，获得更多的产出，提高资源利用的产出效率。

## 5.4 产业共生提高产业系统的稳定性

### 5.4.1 产业系统稳定性的内涵

产业系统的稳定性是实现可持续发展的重要保障,它是指产业系统在受到外界扰动作用时,其被控制量将偏离平衡位置,当这个扰动作用去除后,若系统在足够长的时间内能恢复到其原来的平衡状态,则该系统是稳定的。但是如果产业系统对干扰的瞬态响应随着时间的推移而不断扩大或发生持续振荡,那么这个产业系统就是不稳定的。产业系统的稳定并不等于产业系统的停滞,也就是说它并不要求系统内各产业在产品、技术、制度等方面保持完全不变,而是指在一定的外力作用下,系统内各产业能够协同发展,保持相对平衡的状态。

### 5.4.2 由多样性提升产业系统稳定性

系统的多样性能提高产业系统的稳定性。产业系统的发展必然会受到外在因素的干扰,但是只要产业系统能够尽快回复到相对协调状态,那么我们可以称这样的系统是稳定的。系统的复杂性能提升系统的恢复力和稳定性[①],正如前文所述,在自然生态系统中,热带雨林比极地苔原具有更高的稳定性,是因为它有丰富的物种,形成了复杂的生态系统。因此提高产业系统的多样性可以填补系统内产业之间的空缺位,从而增加系统的复杂性,进而提升产业系统的恢复力和稳定性。

与自然生态系统相比,产业系统在个体多样性和个体联系方式多样性上都略逊一筹。自然生态系统是各种生物与其周围环境所构成的自然综合体,主要由生产者、消费者、分解者所构

---

① Chen Shiyi, Jun Zhang. Empirical Reaseach on Fiscal Expenditure Efficiency of Local Government in China. *Social Sciences in China*, 2009(2).

成,生产者、消费者和分解者负责对自然界的各种化学元素进行循环和维持,能量在各组分之间的闭环流动,自然生态系统内的物种数以千计,各种生物以不同的共生模式联系在一起;而产业系统内各产业可以分为原材料部门、初级生产部门和高级生产部门,原材料部门为初级生产部门提供生产所需原材料,初级生产部门为高级生产部门提供生产用材料,高级生产部门为消费者提供最终产品。因此,从结构上看,产业系统比自然生态系统缺少了分解者。虽然现在也有了废品废料部门,但是其与自然生态系统的分解者的作用和功能不可同日而语。从产业联系的复杂性上看,产业系统内产业之间的关系多为线性关联关系,比自然生态系统的有机联系要简单很多。虽然也有学者提出系统的复杂性达到了一定程度之后,会呈现反变化趋势[1]。但是与生态系统相比,产业系统还处于进化的早期阶段,远没有达到复杂性的临界状态[2]。

产业共生的过程是各产业在一定的空间范围内通过资源循环利用、信息交流、知识共享等途径实现协同进化的过程,这个进化过程中可能会产生新的共生单元,也可能产生新的产业共生形态,使得产业系统也呈现像生态系统那样的多样性,使整个系统变得更为错综复杂。

例如在图 5-5 所示的产业系统内,原来存在 3 个产业 A,B,C,这 3 个产业之间关联程度用线条来表示,那么产业 A 与产业 B 之间、产业 B 与产业 C 之间都是具有直接联系的,由于这两组直接联系是不可替代的,因此属于强关系。而产业 A 与产业 C

---

① 顾江:《生态系统稳定性统计模型分析运用》,《数量经济技术经济研究》,2001 年第 1 期。

② 赵玉林,徐娟娟:《创新诱导主导性高技术产业成长的路径分析》,《科学学与科学技术管理》,2009 年第 9 期。

之间用虚线连接,则表示存在隐形或者间接的联系,它们之间是弱关系,产业 A,B,C 之间存在不平衡的关联关系,也就是产业 A 与产业 C 之间存在一个"系统缺位"(社会学家罗纳德·波特称之为结构洞)。另外在这种产业系统内,产业系统 A,B,C 产业主要呈现一个线性的关联关系,只要 A 与 B,B 与 C 之间任何一个关联关系的破裂,都会直接影响整个产业系统的动荡甚至崩溃。

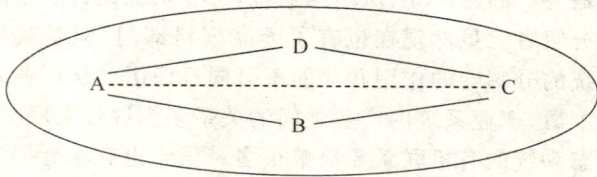

**图 5-5　具有结构洞的产业共生系统**

在产业共生的进化过程中会出现新的共生单元,由于产业 A 与产业 C 之间存在系统缺位,那么就会产生产业 D 来填补这个空位。因此,产业 A 和产业 C 与产业 D 之间也存在关联关系,削弱了它们与产业 B 之间的强依赖关系,使得各产业之间的依赖关系更趋于平衡,并且由于引进了产业 D,则产业系统内的 A,B,C,D 产业形成环状模式,比原有的线性模式更具有稳定性。

综上所述,产业共生的协同进化过程,会产生新的共生单元或共生形式,使产业系统呈现多样化,从而提高了产业系统的稳定性。

## 5.5　案例分析

本章的案例分析包括案例 1 和案例 2,案例 1 讲述了芬兰 Kymenlaakso 区域内以制浆造纸业为核心产业的园区内,产业间的共生关系如何通过各种共生模式提高产业结构的协调能力,提高资源的利用效率和产业系统的稳定性。案例 2 假设了该园区内没有产业共生关系的情况。通过案例 1 与案例 2 的对比可以发现产业共生对产业结构优化具有重要的意义。

### 5.5.1 案例 1

芬兰是一个森林资源非常丰富的国家,其领土中 60% 的面积都被森林所覆盖,因此林业是该国家非常重要的产业部门,2005 年大概有 16% 工业增加值来自于制浆造纸生产,大约 4% 的工业增加值来自于木材产品的加工,并且大部分产品远销世界各国。受到森林覆盖区域的影响,芬兰的林业也主要集中在某一特定区域,本书所研究的园区在芬兰 Kymenlaakso 区域的东南部,这个区域的制浆造纸业创造的工业增加值在整个芬兰是最高的。在各工业行业中,制浆造纸业是能源消耗和废弃物排放的大户。2005 年,它消耗了芬兰 25% 的电力,但是由于大量使用可再生燃料,该行业的温室气体排放不到全国总排放量的 10%。在这个案例中,研究个体是一些企业群落,这些企业群落由于生产的需要聚集在一定的区域范围内,它们分别是一些制浆造纸企业的集合:一批化工厂(他们根据生产的需要分布在制浆造纸企业的周围)、一个火电厂、一些能源企业的集合、一个水净化企业,一个公共污水企业和本地农业加工企业。

制浆造纸业是该区域的核心产业,它自身能源生产所需的主要材料是"黑液",而这种黑液恰好是能源产业、各化工产业、污水处理企业等产业的废水。制浆造纸业将其生产过程中产生的废弃物如树皮、削片、纸浆悬浮物和碾烂的泥浆提供给火电厂做燃料,作为交换,火电厂输出蒸汽、电力和热能给制浆造纸业,那些制浆造纸业除自己使用一部分外,还可将多余的电能和热能转卖给周围的化工产业。此外火电厂还将热能和电力提供给当地的能源分销商(详细流程图见 5-6)。

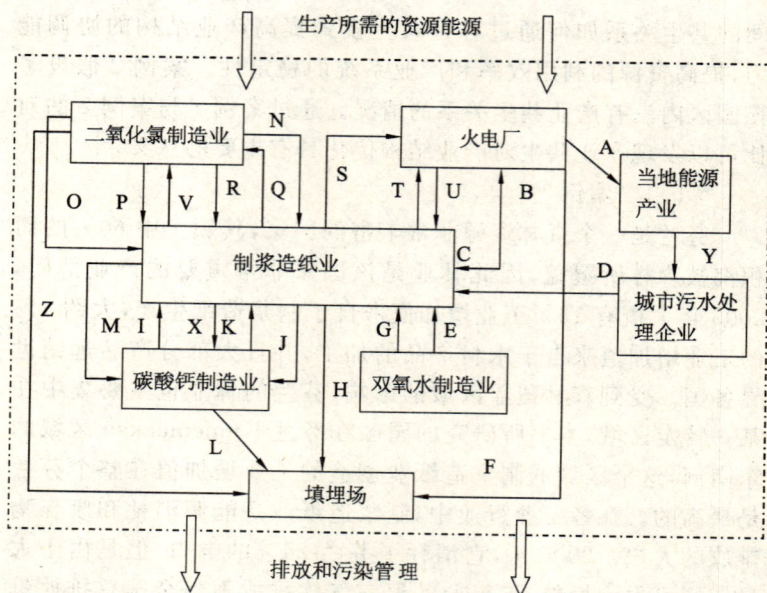

**图 5-6 Kymenlaakso 各产业间资源、能源循环的流程**

图 5-6 中的字母含义分别为：

A：电力和热量的传输

B：污泥

C：废水

D：污泥

E：废水

F：灰

G：过氧化氢（$H_2O_2$）

H：其他惰性废弃物

I：废水

J：水

K：碳酸钙（$CaCO_3$）

L：其他废弃物

M：二氧化碳（$CO_2$）

N：氯气（$Cl_2$）

O：废水

P：二氧化氯（$ClO_2$）

Q：水

R：氢氧化钠（NaOH）

S：氢氧化钠（NaOH）

T：作为燃料的生物材料

U：蒸汽、电力和热量

V：蒸汽

X：蒸汽和电力　　　　　　Y：电力

Z：废弃物

在这个以制浆造纸业为核心的区域里,制浆造纸业、化工业、能源产业不再只是单纯的线性投入产出关系,而是通过各种共生模式(如图 5-7 和图 5-8 所示)实现了资源在产业系统内的循环利用,提高各种资源的使用效率,并最终创造出额外的经济效益和生态效益。

(1) 互利共生型产业共生模式

制浆造纸业与火电产业之间是互利共生的关系。制浆造纸业将其生产的废弃物包括各种发电所需的生物材料、污泥和氢氧化钠提供给火电厂,作为发电所需的原材料或其他生产所需资源。作为回报,火电厂为制浆造纸业提供生产所需的废水和各种能源。可见,制浆造纸企业群与火电厂之间不再只是简单的能源供给关系,制浆造纸企业群与火电厂通过将各自的废弃物转化为对方的生产材料,而减少了能源购入成本和原材料购入成本,实现了经济效益的增加,因此这是一种出于对经济利益的诉求而自发形成的共生关系,在这种共生关系下制浆造纸企业群与火电厂通过优势互补都获得了收益,属于互利共生模式。从图 5-6 中也可以看到制浆造纸业与周围化工业之间也呈现类似的互利共生的联系方式。

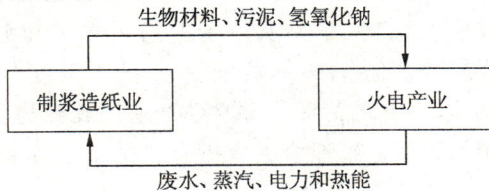

图 5-7　制浆造纸业与火电产业的互利共生示意图

## （2）偏利共生型产业共生

图 5-8　制浆造纸业与污水处理企业之间的偏利共生示意图

污水处理业与制浆造纸业之间是偏利共生的关系。污水处理企业将其废弃物污泥给制浆造纸业作为生产所用，污水处理企业并未因此而受害，也没有因此而获利，而制浆造纸企业却获得了生产用材料，降低了经济成本，同样两者的这种偏利共生关系也实现了废弃物与资源之间的转化，为整个系统创造了额外的经济和生态效益。

### 5.5.2　案例 2

案例 2 是假设以上产业之间的各种共生关系都不存在，各产业之间仅有基础的物质投入产出关系，那么制浆造纸业就不能从火电业那里获得电力和热力资源，而是要从市场上购买，一共需要购买折合 4 亿 3 千万 kw·h 的天然气、6 千万 kw·h 的重质燃油、2 亿 5 千万 kw·h 的电力，并且需要自筹折合 2 000 个单位的黑液；碳酸钙企业（$CaCO_3$）和二氧化氯（$ClO_2$）企业原本从制浆造纸业那里获得的电力和蒸汽也需要从市场上购买，将分别购买 1 200 万 kw·h 电力、折合 5 300 万 kw·h 的电力和 500 万 kw·h 的热能；火电业不能从制浆造纸业中获得任何树皮、削片等生物燃料，需要从市场上购买木渣和泥炭等原材料，一共需要折合 2 亿 kw·h 的削片、3 亿 4 千万 kw·h 的树皮和 1 900 万 kw·h 的污泥。并且各产业的废弃物会全部排放到环境中，例如制浆造纸业会丢弃折合 3 亿 4 千万 kw·h 的树皮和 29 个单位的污泥。

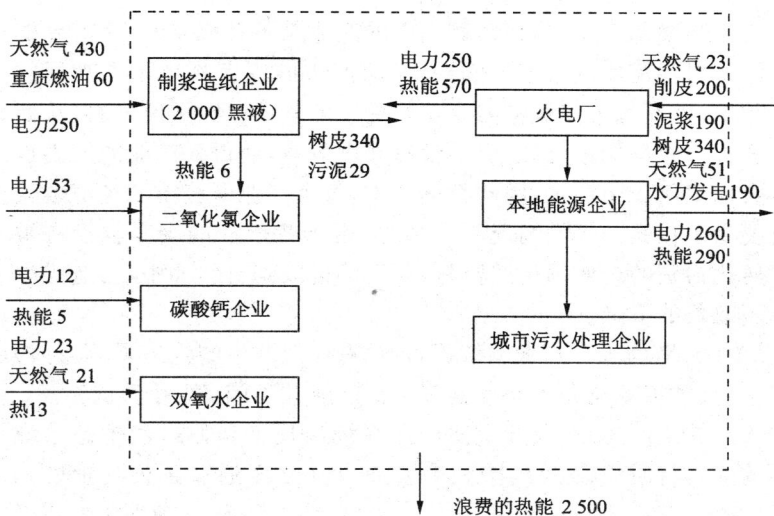

**图 5-9 没有产业共生关系的产业园资源利用示意图**

### 5.5.3 案例 1 与案例 2 的比较

从案例 1 可以看到,制浆造纸业、化工业和火电业通过废弃物与生产资料之间的转化,增加了各产业原材料供给的途径,减少了各产业向市场购买原材料的总数量,降低了对系统外原材料供给的依赖,提高了系统应对资源存量、资源价格变化的抵抗能力,同时共生体系内的各产业聚集在生态园内,通过内生媒介进行交流,提高了上下游产业获取的各种信息的真实性与及时性,从而提高了产业结构的协调性。

该工业园内的各产业之间具有多样的产业共生模式,例如制浆造纸业与化工业、火电业之间都存在互利共生的关系。多样化的共生关系使得系统内的资源实现循环利用和多级递进,减少了废弃物的总排放量,提高了资源自身的利用率;并且处于共生模式下的产业还能获得共生效益,提高资源利用的产出效率。

与案例 1 相比,在案例 2 中的产业是各自孤立的,所需要的原材料都需要从市场上购买,且所产生的废弃物也不会被回收利用,因此每个产业都需要花费更多的货币去购买原材料,从而增加了经济成本,同时由于没有共生效益,使得各产业的产出也会比案例 1 中的少,因此案例 2 中,每个产业所获得的经济效益要少于在案例 1 的情况下。另外,由于各产业的废弃物没有被转化为别的产业的生产资料,而全部排放到自然界中,会造成生态效益的下降。

因此,就整个产业系统而言,没有产业共生的生态园(案例 2)中,其经济效益和生态效益都会比产业共生园(案例 1)低。

综上所述,产业共生使产业系统出现了类似自然生态系统的基本特质。在这个生态园内,各产业之间通过各种共生模式形成了资源的循环利用;对于整个共生体系而言,产业共生使得资源在各产业之间多级递进、循环利用,提高了原材料的资源使用效率,并减少了系统外购资源和能源的数量,提高了对原材料价格变动的抵抗能力,实现了额外的经济利益,并且系统内也减少了废弃物的排放和对天然材料的摄取,获得了生态效益。因此产业共生是实现产业结构优化的有效路径之一。

## 5.6 本章小结

产业共生的基本属性、特征和实现过程决定了它是产业结构优化的必然选择。本章重点研究了促进产业结构优化的产业共生路径,分别从产业共生促进产业结构的协调性提高、产业共生提高资源利用效率、产业共生提高产业系统的稳定性三个方面来进行路径分析,最后以芬兰制浆造纸业工业园为案例进行实证研究。

(1)产业共生的基本属性是资源的循环利用。它是受内外驱动力作用自发形成的,其内在驱动力是产业之间的关联性质,外在驱动力是共生效益。产业共生的过程是各产业协同进化的过程,强调产业系统的整体性。产业共生的基本属性和特征有利于提高产业结构的协调性和资源的利用效率,其协同进化的实现过程有利于提升系统的稳定性,因此产业共生是实现当前产业结构优化的必然选择。

(2) 产业共生能够提高产业结构的协调性。产业结构的协调性是指系统内各产业保持一个相对平衡的状态,包括数量协调和质量协调。产业共生理论将废弃物看作是没有被利用的原材料,强调对废弃物再利用,以此增加了各产业原材料供给的途径,避免了单一原材料购入的风险,有利于各产业供给数量的稳定;产业共生的群落特征使一定区域内的产业能够用更高质量的内生媒介代替外生媒介进行交流,从而降低生产环境的不确定性,并且可以通过签订"双边协议"来约束共生单元之间的不诚信行为,从而有效避免了产业遭受供需周期波动的影响,实现各产业供需在时效上的协调性。

(3) 产业共生能够提高资源的利用效率。资源的利用效率有两种理解,一是资源的利用率,即资源投入在生产过程中被多大程度地使用;二是资源利用的产出效率,指资源投入与产出的比。产业共生的资源循环利用的基本特征,能够实现资源在各产业之间的多级递进,减少该资源最终作为废弃物的部分,因而提高资源的利用率;产业共生的价值增值的属性决定具有共生关系的两个产业必然产生共生效益。本章通过 Logistic 方程演算可知,这个共生效益取决于共生单元的"促进系数",也就是在一定的资源投入下,具有共生关系的产业将获得更多的产出,从而提高了资源利用的产出效率。

(4) 产业共生能提高产业系统的稳定性。产业系统的稳定性是一个相对的概念,主要是指产业系统在受到干扰之后的恢复能力。产业共生的过程是各产业协同进化的过程,会产生新的共生单元或新的共生模式,使得产业系统呈现出类似于自然生态系统那样的多样性,从而填补产业系统内的"结构洞",既平衡了各产业之间的依赖关系,又增加了产业系统的复杂性,从而实现了产业系统的稳定性。

（5）芬兰制浆造纸业生态园的实践表明,具有产业共生的产业园区的确对产业结构协调能力的提升、资源利用效率的提高和产业系统的稳定性产生重要作用;产业共生能够增加各产业及产业系统整体的经济效益和生态效益,证明了产业共生路径对实现当前产业结构优化的重要意义。

# 6 产业结构优化的生态创新路径

第 5 章重点研究了产业结构优化的产业共生路径,该路径通过提升产业间的协调能力、提高资源的利用效率、增强产业系统的稳定性来实现产业结构优化。除了产业共生路径外,笔者认为生态创新也是实现产业结构优化的重要路径。本章首先阐述生态创新促进产业结构优化的必然性,并通过重点分析生态创新诱发新兴产业的产生,生态创新提升传统产业技术含量和生态效益来全面揭示产业结构优化的生态创新路径。

## 6.1 生态创新促进产业结构优化的必然性

生态创新是在末端治理、清洁生产、产业生态化和产业生态系统等生态化的过程中发展起来的。从第 2 章可知,国际上已有的关于生态创新的定义均是围绕"创新"和"环境效益"这两个关键词而进行的。笔者认为生态创新也是实现产业结构优化的必然选择。

(1) 生态创新的目标迎合当前产业结构升级的要求。产业结构优化是产业结构趋于合理和不断升级的动态过程,而其中的产业结构升级是产业结构从低水平的相对均衡向较高水平的相对均衡演变的部分,这个过程会受到产业结构优化最终目标的约束。因此,当前产业结构升级也必须遵循经济—生态综合效益的方向。生态创新具有创新的所有特征,但它强调从生态效益和经济效益统一的视角来进行技术创新、工艺创新、产品创新、市场创新等创新活动,正好与当前产业结构升级的方向相吻合。

(2)生态创新能够促进产业成长。创新是推动产业成长的根本动因,产业成长是实现产业结构升级的核心过程,因此创新对产业结构升级并引起质变具有重大的推动作用[①]。生态创新比创新更具有生态化的导向,能够实现当前产业生态化发展的趋势,对促进可持续发展目标下的新兴产业成长和传统产业升级具有重要的意义。一方面生态创新能够促进生态技术变革、技术进步,从而有利于促进环境友好型、资源节约型的新兴产业的成长,这些新兴产业将迅速演变为新的主导产业,推动产业结构"质"的飞跃;另一方面,生态创新还能应用生态技术改良传统产业,有利于改变传统产业高能耗、高污染的现状,降低传统产业的原材料成本,提升产业竞争力,并能够更有效地发挥对主导产业的相关支持性作用,保证产业结构实现整体水平的提升。

综上所述,笔者认为生态创新可以通过诱发新兴产业成长、提升传统产业技术含量和生态效益来推动产业结构升级,并最终实现当前经济发展目标下的产业结构优化。下文将对上述两条路径进行具体的阐述。

## 6.2 生态创新诱发新兴产业成长

### 6.2.1 新兴产业的特征与发展现状

#### 6.2.1.1 新兴产业的特征

新兴产业是近年研究的热点,主要指新技术和新的科研成

---

① 赵玉林,徐娟娟:《创新诱导主导性高技术产业成长的路径分析》,《科学学与科学技术管理》,2009 年第 9 期。

果实现工程化、产业化和市场化从而产生的新的产业部门①。
我们知道主导产业是由新兴产业发展而来的,因而新兴产业的
形成与发展体现了全社会市场的需求,代表未来产业发展的新
方向和经济发展的新趋势。但不是所有的新兴产业都会进一步
演变为主导产业。本书所研究的新兴产业是那些能转化为下一
代主导产业,并符合生态化发展特征的新兴产业,比一般性的新
兴产业更具有重要的现实意义。

　　新兴产业具有以下几方面的典型特征:一是创新性。创
新是新兴产业形成和发展的基础,从新技术产生到产品化和
市场化的过程都需要创新,由于经济发展方式的转变要求产
业结构优化能够实现经济—生态综合效益,因此即将演变为
下一阶段主导产业的新兴产业也必须迎合这一发展方向,将
生态创新作为其发展的根本途径。二是成长性。新兴产业处
于产业生命周期的导入阶段(如图 6-1 所示),要演变为下一
阶段的主导产业就需要经历一个从小变大、由弱变强的成长
过程。因此,一般都具有较高的增长率和较大的需求潜力。
三是先进性。此类新兴产业代表当前经济发展趋势下科学技
术发展的新水平,大多数情况下也体现了全社会市场需求的
新要求,由于它是下一阶段主导产业的前身,因此也代表了
产业发展的新方向和经济发展的新趋势。四是风险性。新兴
产业的高成长性和高创新性决定了它的高风险性,主要包括
技术风险因素,主要是指核心技术预计不充分,开发的技术与
其他环节不配套;市场风险因素,指技术创新脱离市场需
求,不满足产品化的条件;生产风险因素,指创新的产品不能
满足大规模生产的要求,或原材料来源不能得到充分保障;财

---

　　① 王洁,杨博维,杨继瑞:《以新兴产业催化产业结构调整升级》,《财经科学》,
2009 年第 7 期。

务与资金风险,指新兴技术在产品化和市场化过程中不能获得有效的资金保障,面临资金链断裂的问题。可以说,任何一种风险都可能会影响新兴产业的成长与发展,甚至造成产业夭折。

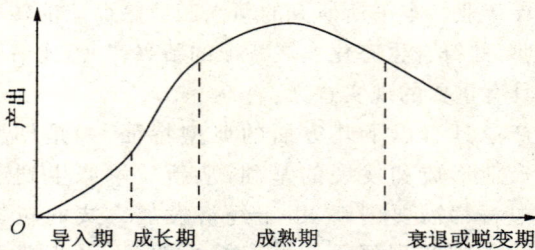

**图 6-1　产业生命周期**

### 6.2.1.2　新兴产业的发展现状

2008 年的国际金融危机后,为了更快地走出经济衰退,各国积极地培育新兴产业,以期抢占新一轮经济和科技发展的制高点。鉴于资源环境问题的日益凸现,各国对所培育的新兴产业都不约而同地贴上了生态化的标签。美国于 2009 年 2 月签署了金额为 7 870 亿美元的《美国复苏与再投资法案》,将新能源作为重点发展新兴产业,并对该产业提供技术开发、市场培养、资金供给等多方面支持;日本初步拟定了四大战略性新兴产业,包括环保能源领域,IT、信息和宽带领域,生物技术领域和纳米材料领域,并计划将日本的新能源产业扶植成支柱产业之一;欧盟重在提高"绿色技术"水平,将筹集 1 050 亿欧元的款项来全力打造具有全球竞争力的"绿色产业",其中 130 亿欧元用于发展绿色能源、280 亿欧元用于提高废弃物的处理和管理水平,剩余的 640 亿欧元用于辅助欧盟各国推动环保产业的技术创新、产品开发以及相关的环保政策法规的落实[①];韩国将绿色技术、尖端产业融合、高附加值服务等 17 项新兴产业确定为新增长动力;我国 2010 年公布的《国务院关于加快培育和发展战略性新兴产业的决定》中将节能环保、新一代信息技术、生物、高端装备制造、新能源、新材料、新能源汽车等产业定为战略性新兴产业。

综上所述,新兴产业的特征决定其成长的各个环节都与创新如影随形,而生态化是新一轮新兴产业培育和发展的必然趋势,新兴产业的创新方向、创新技术和成果的转换都必须符合"生态"要求。因此,如何有效地发挥生态创新的作用对于新兴产业的发展具有重要的意义,下面对生态创新推动新兴产业成长的路径进行进一步分析。

### 6.2.2 路径分析

新兴产业位于产业生命周期的萌芽阶段,还需要经历较长一段时间的成长才能成为主导产业。在这一阶段产业虽然具有较高的增长率,但是整体规模还是较小,对于技术、市场、资金供给等风险缺乏抵抗能力,从历史经验看,不乏新兴产业在形成期就夭折了的。并且新兴产业是各国抢占下一阶段经济制高点的重要工具,只有尽快将新兴产业发展为主导产业,才能发挥它对国民经济其他部门的引导和带动作用,促进产业结构升级、提升区域竞争力。所以新兴产业成长也具有时效性,正如目前世界各国都在努力地发展新能源、新材料、生物、信息技术等新兴产业,以期掌握下一阶段经济发展的主动权。因此,只有解决新兴产业成长中的风险性和时效性问题,才能尽快实现新兴产业的成长与壮大,并最终实现主导产业的转换。

---

① 史丹:《国际金融危机之后美国等发达国家新兴产业的发展态势及其启示》,《中国经贸导刊》,2010 年第 3 期。

销售前期工作、生产前期工作、跨部门合作、产业生命周期分析等属于生态创新活动[1]，它们能够降低新兴产业成长过程中所面临的风险性，缩短产业形成期对技术和市场的摸索阶段，加快新兴产业的成长和壮大。下面对这几方面进行具体的分析。

（1）销售前期工作。即使是最先进的生态创新技术也不一定被产品化，除非它能在市场上占据一席之地。因此新兴产业能否顺利成长的关键是其开发的新产品是否能迎合市场需求。销售前期工作是一项生态创新活动，它能够通过进行市场定义、市场细分、产品差异化、营销政策和整个市场战略与决策[2]，把握市场的消费倾向，从而调整新兴产业产品的设计和生产数量，进而降低和规避市场风险。

（2）生产前期工作。新兴产业的成长需要符合生态化的特征，然而任何产业都不可能为实现生态效益而采用损失经济效益的创新技术[3]，生产前期工作包括生态技术研发、生产成本分析，原材料市场调研等活动，能够使新兴产业的创新思想和技术建立在经济—生态综合效益的基础上，在产品化之前对新兴产业进行技术的可行性分析，在产业化之前深入了解原材料来源、数量，这些生产前期工作对于产业的成长尤为重要[4]，能够降低

① Pujari D, Wright G, Peattie K. Green and Competitive: Influences on Environmental New Product Development Performance. *Journal of Business Research*, 2003,56(8).

② Ramaseshan B, Caruana A, Pang L S. The Effect of Market Orientation on New Product Performance: A Study Among Singaporean Firms. *The Journal of Product and Brand Management*, 2002,11 (6).

③ Fuller D A, Ottman J A. Moderating Unintended Pollution: the Role of Sustainable Product Design. *Journal of Business Research*, 2004,57(11).

④ Cooper R G. Pre-development Activities Determine New Product Success. *Industrial Marketing Management*, 1988(17).

新兴产业产品生产的不确定性，从而避免新兴产业的生产风险。

（3）跨部门合作。新兴产业从创新思想、技术、产业化、商品化的阶段都需要以经济—生态效益的统一为指导。这就需要多部门专业知识的结合。已有文献显示新兴产业的成长离不开研发与营销部门的合作、部门领导人之间的沟通与合作，以及共同参与规则的制定[①]。其中主要包括研发部门与资源、环境部门之间，研发部门与营销部门之间，研发部门与管理部门之间的知识交流与合作，这种多部门之间的合作和交流能够加快新兴产业成长的各个过程，缩短新兴产业向主导产业转换的时间。

（4）生命周期分析的本质是检查、识别和评估一种材料、过程、产品或系统在整个生命周期中的环境影响，其主要参与者包括产业界的高层领导人、研发专家、资源环境专家、产品经理、销售经理，以帮助专家了解产品整个生产过程中所形成的资源和环境影响，它是对产业从原材料的获得到最终的废弃处理的一种持续、互动的生态足迹的检验[②]，这种信息交流和生产全过程的检验有利于监督新兴产业产品生产工艺和质量，保障新兴产业成长方向的准确性。

综上所述，销售前期工作、生产前期工作、跨部门合作、产业生命周期等生态创新活动有利于新兴产业的成长。销售前期工作、生产前期工作能有效避免新兴产业成长的市场风险和生产风险；跨部门合作活动能加快产业成长进程，缩短向主导产业转换的时间；产业生命周期活动能监督新兴产业产品生产工艺和

---

① Song X M, Parry M E A Cross-national Comparative Study of New Product Development Processes: Japan and the United States. *Journal of Marketing*, 1997(1).

② Higgins H. Design for 'X': Designing Environmentally Sustainable Solutions. A Keynote Speech at the PDMA Conference. Product Development Management Association Conference, 2003.

质量,保障新兴产业成长方向的准确性。下一节通过在苏州高新产业开发区和苏州工业园区进行问卷调查,对该地区生态创新促进新兴产业成长的路径进行实证分析。

### 6.2.3 生态创新促进新兴产业成长的实证分析

苏州高新技术产业开发区是 1992 年经国务院批准成立的,1997 年又被中国政府确定为首批向 APEC 成员开放的中国亚太经济合作组织科技工业园区。该开发区东濒京杭大运河;南抵向阳河、横塘乡北界;西达狮子山、何山;北接枫桥镇南界,区域面积 6.8 平方公里,已有 200 多家高新技术企业,占江苏省的 11.3%,苏州市的 40% 以上,2009 年实现地区生产总值接近 600 亿元,按可比价计算比上年增长 10%,地方一般预算收入 51.08 亿元,增长 10.6%,完成全社会固定资产投资 220 亿元,增长 14%;工业总产值 1 860 亿元,增长 4%,实际利用外资 8.5 亿美元,新增注册内资 140 亿元,增长 27%。苏州工业园区是中国与新加坡合作项目,于 1994 年由国务院批准成立。该园区位于苏州城东金鸡湖畔,行政区域面积达 80 平方公里。截至 2010 年,累计引进合同外资 316.8 亿美元,实际利用外资 134.5 亿美元,注册内资 1 156 亿元,形成了内资外资双轮驱动发展格局,来自欧美的项目占 49%,日韩占 18%,新加坡占 6%,港澳台地区占 22%。投资上亿美元项目 80 个,其中 10 亿美元以上项目 6 个,世界 500 强企业在区内投资了 112 个项目。从产业层次看,该园区在 IC 集成电路、TFT-LCD(液晶显示器)、汽车及航空零部件等方面形成了具有一定竞争力的高新技术产业集群。

本书选取苏州高新技术产业开发区和苏州工业园区(这两个工业园区均是国家首批生态工业示范园)为研究区域。由于缺乏统计数据,本书运用发放调查问卷的方式进行统计分析。调查问卷的设计是笔者与一些管委会官员、企业产品经理和部分学者访谈后完成的,其指标主要是企业行为中与生态创新有关的活动,总共 22 个问题(见表 6-2),每个问题对应着一个企业行为,分值为 1～5 分(最低的是"很不认同"1 分,最高的是"很认同"5 分)。本书将这些电子调查问卷发放给工业园区内从事新兴产业的各企业的管理人员,主要包括新能源企业、信息技术企业、生物医药企业等。问卷发放与收回历时两个月时间(2011年 10 月至 2011 年 11 月),总共收回 68 份有效调查问卷。

表 6-1 调查问卷对象统计

| 企业规模/人 | 数量(占比/%) | 年销售额/万元 | 数量(占比/%) | 成员职务 | 数量(占比/%) | 产业 | 数量(占比/%) |
|---|---|---|---|---|---|---|---|
| 50 以下 | 34(50) | 50 以下 | 39(57.3) | 节能环保主任 | 22(32.4) | 生物医药 | 13(19.1) |
| 50～199 | 17(25) | 50～199 | 21(30.9) | 营销经理 | 14(20.6) | 生物 | 11(16.2) |
| 200～499 | 5(7.4) | 200～499 | 4(5.9) | 产品经理 | 12(17.6) | 信息技术 | 23(33.8) |
| 500～699 | 2(3) | 500～1 000 | 3(4.5) | 技术主任 | 9(13.2) | 新能源 | 9(13.2) |
| 700～999 | 2(3) | 1 000 以上 | 1(1.5) | 研发主任 | 7(10.3) | 新材料 | 11(16.2) |
| 1 000 以上 | 8(12.6) | | | 其他 | 4(6) | 高端装备制造 | 1(1.5) |

对回收的调查问卷进行统计,并采用主成分分析法进行分析(极大似然估计法)。首先对统计数据进行检验,其中 $KMO$ 值为 0.74,Bartlett 值为 1 354.9,显著性为 0,说明该组数据适合作主成分分析,根据方差分解主成分提取结果可知有 5 个主成分的特征值大于 1,累计解释了新兴产业成长的 80.99% 原因(见表 6-2)。

表 6-2　　生态创新促进新兴产业成长路径的主成分载荷矩阵

| 主成分 | 主成分 1 | 主成分 2 | 主成分 3 | 主成分 4 | 主成分 5 |
|---|---|---|---|---|---|
| 生态专家参与新兴企业成长计划 | 0.871 | | | | |
| 企业拥有节能环保人员 | 0.883 | | | | |
| 生态专家对生态创新产品项目每阶段进行检测 | 0.832 | | | | |
| 企业生产部门了解节能环保知识 | 0.784 | | | | |
| 鼓励企业各部门关注节能环保 | 0.645 | | | | |
| 高层管理人员支持生态创新 | 0.647 | | | | |
| 任命一个高层主管管理生态创新产品 | 0.593 | | | | |
| 新产品在设计时充分考虑节能环保 | 0.531 | | | | |
| 企业数据库中有节能环保子数据库 | | 0.822 | | | |
| 新产品项目组可以调用节能环保数据库 | | 0.834 | | | |
| 评估产品原材料的环境影响 | | 0.748 | | | |
| 评估产品的生命周期环境影响 | | 0.609 | | | |
| 已建立细分市场 | | | 0.842 | | |
| 生产前已进行市场评估 | | | 0.789 | | |
| 掌握消费者对生态创新产品的态度 | | | 0.672 | | |
| 与上游产业共享节能环保信息 | | | | 0.855 | |
| 对上游企业评估 | | | | 0.747 | |
| 与上游产业共同进行环境影响测评 | | | | 0.833 | |
| 与上游产业共同进行生态创新 | | | | 0.679 | |
| 对产品进行金融分析 | | | | | 0.906 |

| 主成分 | 主成分1 | 主成分2 | 主成分3 | 主成分4 | 主成分5 |
|---|---|---|---|---|---|
| 对产品进行生产评估 | | | | | 0.839 |
| 对技术可行性进行评估 | | | | | 0.806 |
| 贡献率/% | 39.66 | 13.73 | 13.13 | 6.51 | 5.96 |

从表6-2可知,主成分1承载了39.66%的信息,主要由8个指标来体现,包括企业是否有生态专家和节能环保人员的参与,在生产和研发部门是否考虑了节能环保因素,并且是否调配了专门人员来进行监督和管理,这些指标可以体现为研发、生产和资源环境部门之间的合作,基本属于跨部门合作的行为;主成分2承载了13.73%的信息,主要由4个指标来体现,考察企业是否建立了有关节能环保数据库,并对产品原材料及整个生命周期的环境影响进行评估,主要指各新兴产业内企业的生命周期分析;主成分3的指标主要指企业在进行生态创新之前是否对市场进行充分的了解,主要考察新兴产业内企业的销售前期工作,这一主成分承载了全部指标13.13%的信息;主成分4主要考察企业与上游企业之间的合作关系;而主成分5则主要体现企业在进行生态创新之前是否有进行技术、生产可行性和金融支持分析,主要指产业的生产前期工作情况,主成分4和主成分5分别承载了全部指标的6.51%和5.96%的信息。

从问卷的结果可以发现,苏州高新技术产业开发区和苏州工业园区内新兴产业领域的企业大多认识到生态创新的重要性,并主动采取了一系列创新活动来促进企业本身的成长,其中跨部门合作表现得最为明显,生态专家和节能环保人员已经积极地参与到产品的研发、生产等各个环节,为企业节约资源和能源提供专业的意见。而其他三类生态创新活动表现得相对较弱,尤其是产业的生产前期工作表现得较为不充分。

跨部门合作、生命周期分析、销售前期工作和生产前期工作等生态创新活动都有助于推动新兴产业成长,并且新兴产业内的企业也已经积极地开始实施。虽然这些路径也同样适用于其他产业的成长(尤其是跨部门合作、坚持市场导向、产业成长的前期工作等),但是基于新兴产业成长的生产和市场的不确定性,以及当前新兴产业成长目标的复杂性,这些创新活动对于新兴产业成长的意义更为重要。遗憾的是在现实经济中,跨部门合作往往受到行政机构的阻碍。

## 6.3 生态创新提升传统产业技术含量和生态效益

### 6.3.1 传统产业的现状与重要性

#### 6.3.1.1 传统产业的现状

传统产业是一个相对的概念,目前学术界对于传统产业尚没有统一的界定,有学者认为传统产业是一国或一区域在工业化过程中,经过一阶段的高速增长后保留下来的产业[1],按此分类,目前我国的传统产业包括第二产业中的原材料工业和轻工业,例如建材、化工、纺织等;也有学者认为传统产业是相对于当前的新兴产业而言的[2],主要包括煤炭、钢铁、建筑、纺织、汽车等产业;还有一些学者认为传统产业是相对于高技术产业而言的,只要是使用传统技术来解决各种生产问题的产业都被称为传统产业,而只能使用新的技术来解决生产问题的产业称为高技术产业[3]。还有学者认为传统产业是指在所有应用技术中传

---

[1] 王今朝,王静:《论高技术产业与传统产业的融合发展》,《商业时代》,2008年第17期。

[2] 王稼琼,李卫东:《城市主导产业选择的基准与方法再分析》,《数量经济与技术经济研究》,1999年第5期。

[3] 台冰:《发展高技术与改造传统产业关系的新视角》,《科技管理研究》,2007年第9期。

统技术所占的比重较大,从生产要素密集度来看,传统产业大多是劳动密集型或资本密集型的产业①。这里本书认为传统产业是与高技术产业相对应的,以传统技术为支撑的相关产业。

1986 年 OECD 提出的产业分类标准,按照技术水平高低划分低、中、高技术产业,随后又将三类演变为四类,也就是至今一直沿用的高技术产业、中高技术产业、中低技术产业和低技术产业四个层次。一般认为传统产业使用的技术水平相对较低,因此将分类中的中低技术产业和低技术产业归为传统产业。如果按此标准对我国的制造业进行分类(见表 6-3),可见在 28 个制造业中有 18 个产业的技术水平相对较低,属于传统产业。

表 6-3  根据 OECD 标准划分的不同技术水平的产业分类

| 高技术产业 | 低技术产业 |
| --- | --- |
| 通信设备、计算机及其他电子设备 | 农副食品加工业 |
| 医药制造业 | 食品制造业 |
| 仪器仪表及文化、办公用机械 | 饮料制造业 |
| 中高技术产业 | 烟草制品业 |
| 化学原料及化学制品制造业 | 纺织业 |
| 化学纤维制造业 | 纺织服装、鞋、帽制造业 |
| 电气机械及器材制造业 | 皮革、毛皮、羽毛(绒)及其制品业 |
| 通用设备制造业 | 木材加工及木竹藤棕草制品业 |
| 专用设备制造业 | 家具制造业 |
| 交通运输设备制造业 | 造纸及纸制品业 |
| 中低技术产业 | 印刷业和记录媒介的复制 |
| 石油加工、炼焦及核燃料加工业 | 文教体育用品制造业 |
| 橡胶制品业 | |
| 塑料制品业 | |
| 非金属矿物制品业 | |
| 黑色金属冶炼及压延加工业 | |
| 有色金属冶炼及压延加工业 | |
| 金属制品业 | |

---

①  赵强,胡荣涛:《加快传统产业改造与升级的步伐》,《经济经纬》,2002 年第 1 期。

从 2002—2008 年不同技术水平制造业的增加值比重变化可以发现,近 10 年来,我国的经济增长还是主要依赖低技术和中低技术的传统产业,传统制造业的工业增加值比重一直高于高技术和中高技术制造业的增加值比重。从发展趋势看,我国的高技术和中高技术制造业的增加值比重正在逐渐下降,传统制造业的增加值比重却有上升的趋势,也就是说技术水平相对较低的传统制造业比高技术产业增长得更快(见表 6-4)。

表 6-4　不同技术水平的制造业增加值所占比重

%

| 年份 | 高技术 | 中高技术 | 中低技术 | 低技术 |
|------|--------|----------|----------|--------|
| 2008 | 10.23 | 26.84 | 24.36 | 38.75 |
| 2006 | 13.76 | 30.22 | 29.01 | 27.00 |
| 2004 | 14.61 | 30.14 | 28.32 | 26.93 |
| 2002 | 16.31 | 31.62 | 24.93 | 27.13 |

数据来源:通过《中国工业经济统计年鉴》(2009)、《中国工业经济统计年鉴》(2007)、《中国工业经济统计年鉴》(2005)、《中国工业经济统计年鉴》(2003)数据整理而得。

根据表 6-3 的产业分类,对 2002—2008 年各年份的不同技术水平制造业的单位增加值能耗求平均值(见表 6-5)。从 2002—2008 年单位增加值的能耗平均水平的演变可以发现,我国各技术水平制造业的单位增加值能耗呈现明显降低的趋势。从技术水平与单位增加值能耗的关系看,技术水平越高的制造业,其单位增加值能耗越低(低技术制造业由于多是最终需求产业,因此单位增加值能耗相对较低),中低技术制造业的单位增加值能耗是最高的。因此,从总体上看技术水平较低的传统制造业的能源利用效率较低。

表 6-5    不同技术水平的制造业单位工业增加值能耗平均水平

吨标准煤/万元

| 年份 | 高技术 | 中高技术 | 中低技术 | 低技术 |
|------|--------|----------|----------|--------|
| 2008 | 0.32 | 1.14 | 2.74 | 0.41 |
| 2006 | 0.37 | 1.48 | 3.34 | 0.76 |
| 2004 | 0.48 | 1.99 | 4.41 | 1.08 |
| 2002 | 1.11 | 5.03 | 9.85 | 3.15 |

数据来源:《中国能源统计年鉴》(2009)、《中国能源统计年鉴》(2007)、《中国能源统计年鉴》(2005)、《中国能源统计年鉴》(2003)。

#### 6.3.1.2    传统产业的重要性

由于传统产业所使用的技术层次相对较低,通常会被社会误解为衰退产业,随着知识经济日益风靡,传统产业在经济中的重要性也日益被忽视。创新经济学家认为,任何经济体的产业结构调整并不是全部来自于新兴产业的引进和衰退产业的退出,在很大程度上取决于已有产业的持续性转化。传统产业在经济增长中的作用是积极且重要的,我国自迈入新世纪以来一直保持持续的高速增长,而从前文中制造业增加值比重可以发现,传统制造业的工业增加值比重一直高于高技术产业,并有逐步上升的趋势;芬兰虽然有诺基亚公司为其创造了 1/3 的 GDP,但是传统的森林产业所创造的价值依然占了该国 20% 以上的 GDP;从就业人数看,虽然各国的高技术产业的从业人数有所增加,但传统产业的就业人数始终占绝大多数的份额。由此可见,经济增长和社会稳定不仅依赖于高技术产业的发展,还有赖于传统产业持续协调发展。

传统产业的重要性还体现在它们与其他产业之间的共生关系。一方面,产业系统内各产业之间是相互关联的,高技术产业与传统产业之间存在以投入产出为连接纽带的技术经济联系[1],加快传统产业的发展有利于带动高技术产业需求从而拉动高技术产业成长。另一方面,高技术产业、新兴产业需要通过研究开发投入来实现新技术开发,这就要依赖广大的市场来获得收益以补充其研究开发成本,而传统产业不仅能为其提供这样广大的市场,也能通过产业间的互动合作,促进高技术产业和新兴产业的创新活动。

由此可见,传统产业本身对经济增长具有重要贡献,并且它们与高技术产业之间存在不可分割的共生关系,因此,要实现产业结构升级就不能忽略传统产业。

### 6.3.2 路径分析

从 6.3.1.1 节对不同技术水平制造业的单位增加值能耗进行比较可知,传统产业的能源利用效率远低于高技术产业。随着环境问题的日益凸显,部分传统产业如传统化工产业(农药、化肥、日用化工)和造纸工业由于生产过程的污染过重以及产品本身对环境破坏性过大等原因,已经开始逐渐衰退。因此可知传统产业衰退的主要原因是技术水平和生态效益低下。生态创新以经济—生态效益为目标,并具有创新的所有特征,因此它能够同时提升传统产业的生态效益和技术水平,从而实现传统产业升级,下文讲述其具体路径。

当传统产业在竞争、政策和市场的压力下选择进行生态创新,就会面临一个抉择,即选择自主生态创新还是模仿生态创新。当然总会有一小部分有能力的企业首先进行自主生态创新,创新成功后,这些企业在技术水平、生产规模、市场份额上有

---

① 赵玉林,汪芳:《基于高技术产业和传统产业关联的湖北产业结构升级研究》,《中国科技论坛》,2007 年第 4 期。

了全新的蓬勃发展①,就可以获得生态创新所带来的超额利润,这个超额利润会吸引产业内其他企业进行模仿创新,此时由于进行创新的企业还比较少,首先进行自主生态创新的企业还不会阻碍其他企业对其进行模仿。但当传统产业内越来越多的企业开始进行此项生态创新时,创新产品产量会大幅增加,生态创新所带来的超额利润开始下降,拥有创新技术的企业开始阻碍其他落后企业继续对其进行模仿。此时,没有能力进行自主生态创新的企业就会因为产品老化、技术落后而失去市场份额,最终因为规模萎缩而逐步退出该产业。因此,一方面,在传统产业内幸存的企业由于进行了生态创新,提高了技术水平,而没有进行生态创新的企业则会被迫退出市场,实现了传统产业整体技术水平的提高;另一方面,传统产业内进行生态创新的企业,通过生态创新技术开发,生产出生态创新产品,开辟出生态创新市场,在获得经济效益的同时产生了额外的生态效益,同时高能耗高污染的传统企业由于产品老化、技术落后而退出市场,从而提高了产业整体的生态效率。由此可见,传统产业通过"扬长弃短"的途径提高了传统产业的技术水平和生态效益,并实现了传统产业的升级(见图 6-2)。

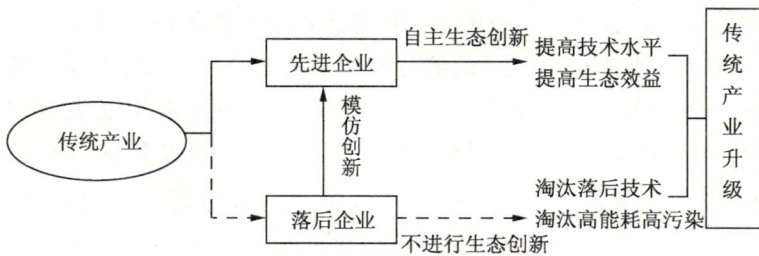

**图 6-2  生态创新推动传统产业升级的基本思想**

---

①  吕明元:《技术创新与产业成长》,经济管理出版社,2009 年。

### 6.3.3 生态创新促进传统产业升级的系统动态模型

#### 6.3.3.1 系统动态模型的基础

由于统计数据缺失和调研困难，本书采取构建系统动态模型的方法对传统产业升级过程进行深入分析。为了能方便构建模型，本书首先做如下假定：

（1）只有自主生态创新需要支付成本，而模仿生态创新不需要成本。

（2）在企业对生态创新进行决策时，主动分为"先进企业"和"落后企业"两类，"先进企业"是产业内生产效率相对较高的那一部分企业，即使需要支付高昂的成本也愿意主动接纳生态创新的升级改造；"落后企业"则代表生产效率较低的那一部分企业，不会主动进行自主生态创新，而是更希望等待"先进企业"成功后，进行模仿创新。

（3）模型设置每一个企业 $i$ 都有一定的生产实力 $A_i$（如土地、企业家才能等），同时每一个企业都具备一定的知识水平 $R_i$，则生产函数 $y_i = A_i R_i$，模型中所有"先进企业"知识水平一致并且知识在这些企业之间自由流传，因此"先进企业之间"的知识水平相等，即 $R = R_i$，知识水平能够通过投资来进行提升。

（4）假设整个产业中企业按照生产实力强弱进行排名 $A_1 \geqslant A_2 \geqslant A_3$，则"先进企业"的编号组成子集 $\Omega = \{1,2,3,\cdots,n\}$，这些先进企业每年都会拿出收入的一部分 $x_i$ 用于提升企业的知识水平（比如 R&D）等，则整个产业知识水平的提升量为 $R = G(\sum x_i A_i R, R)$，为了方便计算，将 $G$ 函数进行标准化处理：$\dot{R}_t = g(X) R_t$，其中 $g(X)$ 函数的属性如下：$g(z) = G(Z,1)$，$g(0) = 0, g'(z) \geqslant 0, g''(z) \leqslant 0, X = \sum x_i R_i (i = 1,2,\cdots,n)$。

（5）假设价格的知识函数为 $\phi(R)$，则价格的知识水平弹性函数为：$\eta(R) = -\phi'(R) R / \phi(R)$，知识水平越高，越能够提升生产效率节约生产成本,使得产品价格下降。因为企业在生产的过程中不可能超越生产函数所能够生产的最大值,则知识函数 $\phi(R)$ 是一个连续可微的递减函数,其弹性函数 $\eta(R)$ 是连续可微的递增函数;且企业必须在知识投入中获取足够的回报,则 $[1-\eta(0)]g(A_1+A_2+A_3+\cdots+A_n)\leqslant\rho$,当回报小于投入时,企业家不会进行投入。

根据以上假定,可知企业的收益 $V_i(R)$ 如式(6-1)所示:

$$V_i(R) = \int_0^\infty \varphi(R_t)R_tA_i(1-x_i(R_t))\mathrm{e}^{-\rho t}\mathrm{d}t \qquad (6\text{-}1)$$

由 Hamilton-Jacobi-Bellman 公式,存在式(6-2):

$$\rho V_i(R) = \max_{x_i\geqslant 0}\left\{\varphi(R)RA_i(1-x_i) + V'_i(R)Rg\left[A_ix_i + \sum_{i\neq j}A_jx_j(R)\right]\right\} \qquad (6\text{-}2)$$

因此在任意 $R$ 水平下,企业对生态创新的边际投入 $\mathrm{d}x_i$,能形成 $V_i(R)RA_ig'(x)\mathrm{d}x_i$ 的收益,其边际成本是 $\phi(R)RA_i\mathrm{d}x_i$,当边际收益等于边际成本时,企业的收益最大,如式(6-3)所示:

$$V_i'(R) = \frac{\phi(R)}{g'(X(R))} \qquad (6\text{-}3)$$

所以当有 $n$ 家"先进企业"时,就存在一个动态均衡,这个均衡表达的含义是任何一家"先进企业"都不可能再通过增加或减少生态创新的投入以获益更多。但是动态均衡的方程很多且呈现不断反复的情况,因此很难形成一个结果。例如企业可以在这一时刻决定对生态创新不进行投入,而下一时刻又决定进行投入,并如此反复。因此,为避免这样反复无常的情况对研究带来的困扰,再假设企业一旦放弃对生态创新的投入,则余下的所有时期内都不会对生态创新进行投入。这样的系统动态均衡会有以下特征:

(1)生态创新水平最高的企业会最先停止对生态创新的继

127

续投入。

（2）只要传统产业在升级，"先进企业"对生态创新投入占产出的比例会持续降低。

（3）生产要素占有量越多的企业对生态创新投入的总量就越多。

（4）相同生态创新水平的企业生产规模和产出值相同。

### 6.3.3.2　生态创新促进传统产业升级的系统动态模型

本节将在系统动态模型的理论基础上阐述生态创新促进传统产业升级的过程。6.3.2节已经阐述了生态创新促进传统产业升级的两个阶段，第一阶段是"先进企业"首先进行自主生态创新，且"落后企业"可以自由地从"先进企业"进行模仿，在这一阶段进行自主生态创新生产的企业均可以获得 $R$ 的知识水平。假设任意企业均能够自由进入或退出并且没有沉没成本，则每个企业在进入之前均有一个 $W>0$ 的保留价值。假设每个产品的售价是 $p$，则企业增加传统产业生产要素必须满足以下条件式(6-4)：

$$\widetilde{A} = W/pR \tag{6-4}$$

也就是说，当传统产业增加生产要素 A 不足以达到 $W/pR$ 时，则企业宁愿退出该产业。在此基础上，可将传统产业运用生态创新的生产函数表示为：

$$Y_t = R_t \int_{A \geqslant \widetilde{A}_t} AF(\mathrm{d}a) \tag{6-5}$$

$$p_t = D(Y_t) \tag{6-6}$$

当传统产业没有进行生态创新之前，其知识含量处于一个较低的水平 $R$，无论是进行生态创新的企业数目还是那些企业的生态创新能力均是有限的，价格—知识函数 $\varphi(R)$ 随着 $R$ 变化的幅度有限，$\eta(R)$ 趋近于 0，这意味着在第一阶段，企业对生态创新进行投入具有较高的回报率。这样式(6-4)中的分母开始变大，使得传统产业运用生态创新生产的成本开始下降，更多企业开始模仿生态创新产品进行生产。由于此时传统产业内进行自主生态创新的"先进企业"数量有限,经过创新的产品在市场上依然供不应求,因此生态创新产品价格下降幅度较慢,而传统产业的知识水平 $R$ 和生产能力都增加得非常快,是因为更多的企业开始运用生态创新进行生产的结果。如果市场需求是稳定的,将会有更多的"落后企业"进行模仿创新,并且这些"落后企业"完全依赖"先进企业"生态创新的外部性,这些外部性会使得这些后来者逐渐吞噬"先进企业"自主生态创新的利润,并最终使得"先进企业"不再愿意无偿共享生态创新的相关知识为止,此时"先进企业"开始保护创新的知识产权,那么可以自由模仿生态创新的第一阶段结束,产业升级进入第二阶段。

进入第二个阶段,知识含量达到一定值 $R^*$ 后,这个阶段里,只有"先进企业"能够享有生态创新带来的收益,而"落后企业"则享受不了,这些企业要么运用传统技术继续进行生产,要么就直接退出市场。所以第二阶段有新的生产函数式(6-7):

$$Y_t = (R_t - R^*) \sum_{j \in \Omega} A_j + R^* \int_{A \geqslant W/[\varphi(R_t)R^*]} Af(\mathrm{d}A) \quad (6\text{-}7)$$

显然,第二阶段的产出要比第一阶段增加得慢,在第二阶段产业生产成本也相应的高一些,因为为了防止"落后企业"获得生态创新的信息,"先进企业"会增加保密方面的成本,本书假设"先进企业"会抽出占收益比例为 $s(0 < s < 1)$ 的资金投入到保密,使得"落后企业"不可能获得有关生态创新的信息。此时的边际收益是:

$$B_i(s) = \frac{(1-s)W_i(R|R*) - \varphi(R|R^*)A_i/\rho}{\varphi(R|R^*)R^*/\rho} \quad (6\text{-}8)$$

式(6-8)中 $B_i$ 表示边际收益,而 $W_i(R|R^*)$ 则表示在知识水平 $R < R^*$ 条件下,与当知识水平 $R > R^*$ 条件下,$W_i(R)$ 的函数分别为第一阶段和第二阶段对应的函数。此公式表示,在第

一阶段,每个运用生态创新进行生产的企业边际收益相同,但是进入第二阶段后,最强的企业所获得的边际收益最多。这样从第一阶段的供给均衡会转向第二阶段的供给均衡,并且第二阶段的均衡到达得越晚,"先进企业"为保密所支付的成本就越高。一般情况下,从第一阶段转到第二阶段的时间不会太长,但是当"先进企业"实力非常强,在传统产业内占主导地位时,"先进企业"不会急于将产业升级转向第二阶段,因为"落后企业"的模仿创新不会给其带来太大的损失,这种情况下传统产业升级速度将会较快。相反,如果"落后企业"实力过于强大,则"先进企业"会尽早将生态创新保护起来。这种情况很不利于传统产业升级,因为"先进企业"不愿意共享生态创新知识使得该传统产业难以升级。

综上所述,生态创新通过不断提高传统产业内各企业的知识含量水平来实现产业升级。而产业升级的速度则取决于传统产业内"先进企业"和"传统企业"的两阶段行为。"先进企业"会在生态创新的超额利润和知识产权保护的成本之间进行选择,而"落后企业"则倾向进行模仿生态创新活动。在一个传统产业内,进行自主生态创新的"先进企业"的数量是有限的,只有尽可能多地被该产业内"落后企业"模仿,才能提高产业整体的技术水平和生态效益。另外,那些没来得及进行模仿创新的"落后企业"由于技术水平落后,产品老化遭到创新产品的挤兑被迫退出市场,那些高能耗高污染、技术水平落后企业的退出,无疑会提高产业整体的技术水平和生态效益,实现传统产业升级。

## 6.4 本章小结

生态创新是以经济—生态综合效益为目标的创新活动。本章通过分析生态创新诱发新兴产业成长、生态创新提升传统产业技术水平和生态效益这两条路径来揭示产业结构优化的生态创新路径。

（1）生态创新是在生态化的过程中发展起来的。"创新"和"环境效益"是生态创新的关键词，它具有创新的所有特征，并且以经济—生态综合效益为最终目标。因此，生态创新能够遵循可持续发展的思想促进产业成长，是当前产业结构优化的必然选择。

（2）生态创新能够促进新兴产业的成长。新兴产业具有创新性、成长性、先进性和风险性的典型特征，它是下一阶段主导产业的前期，代表产业发展的方向和经济发展的趋势，其发展离不开经济—生态综合效益的要求，决定了新兴产业成长目标的复杂性；新兴产业的创新性和先进性决定了它具有一定的风险性。基于此，生态创新的"创新"和"生态效益"决定了它对新兴产业成长的重要性。主要通过产业前期生产工作、产业前期的销售工作、跨部门合作与生命周期分析等生态创新活动来解决新兴产业成长目标的复杂性，以及避免新兴产业成长的"风险性"。通过对苏州高新技术产业开发区和苏州工业园区的新兴产业进行实地调研发现，该地区从事新兴产业的企业也已经开始积极地实施产业前期工作、跨部门合作、生命周期分析等创新活动，并且有效地促进了各企业的成长，并最终带动该地区新兴产业的成长。

（3）生态创新能够促进传统产业升级。本书认为传统产业是与高技术产业相对应的，以传统技术为支撑的相关产业。传统产业本身对经济增长具有重要贡献，并且它们与高技术产业之间存在不可分割的共生关系，因此，要实现产业结构升级就不能忽略传统产业。技术水平和生态效益低下是传统产业升级的主要障碍。传统产业进行生态创新时，可以通过"扬长弃短"的路径实现产业升级。即传统产业内的先进企业首先进行自主生态创新,这些企业在创新成功后获得超额的创新利润,吸引部分落后企业进行模仿创新。随着模仿创新的企业逐渐增加,生态创新所带来的超额利润就会逐渐下降,那么拥有生态创新技术的企业开始阻碍其他落后企业继续进行模仿创新。此时,没有进行生态创新的企业就会因为产品老化、技术落后而退出该产业,从而提高传统产业的技术水平和生态效益,实现了传统产业的升级。本书借用系统动态理论模型对这一实现路径加以说明,全面揭示了生态创新促进传统产业升级的路径。

# 7 产业共生与生态创新协同促进产业结构优化的作用机制

　　本书第 4 章和第 5 章重点研究了产业结构优化的产业共生路径、产业结构优化的生态创新路径。然而,产业共生与生态创新在促进产业结构优化的过程中不是相互孤立的,而是协同促进的。从已有的文献中可以发现有学者对产业共生与技术创新之间的关系进行研究,Oldenburg 和 Geiser 认为共生单元之间的强依赖关系会削弱技术创新的动力,而将清洁生产纳入产业共生体系就能有效地解决这个问题[①];段宁指出产业共生体系的各个环节都需要首先实现清洁生产。清洁生产是生态创新的一个方面,因此研究者们从一个侧面反映了产业共生与生态创新是相互促进的[②]。郭莉、Lawrence 和胡筱敏就认为产业共生与技术创新是协同进化的,之所以存在产业共生的"技术创新悖论",是由于人们对产业共生及技术创新的理解过于狭隘造成的[③]。从 2.3 节所述的生态创新的定义可知,生态创新涵盖的内容比技术创新要丰富得多。任何能够直接或间接带来生态效益的创新活动都可以被称为生态创新,因此作者认为产业共生与生态创新之间也是协同进化的。下面本书就重点研究产业共

---

　　①　Oldenburg K U, Geiser K. Pollution Prevention and Industrial Ecology. *Journal of Cleaner Production*, 1997, 5(1).

　　②　段宁:《清洁生产、生态工业和循环经济》,《环境科学研究》,2001 年第 6 期。

　　③　郭莉,Lawrence Malesu,胡筱敏:《产业共生的"技术创新悖论"——兼论我国工业生态园的效率改进》,《科学学与科学技术管理》,2008 年第 10 期。

生与生态创新的协同进化机制。

## 7.1 产业共生对生态创新的促进作用

### 7.1.1 产业共生激发生态创新的活力

（1）生态创新路径的实现障碍

生态创新不一定能促进产业结构优化。首先，就生态创新活动的本身，生态创新与创新一样可以为各产业获得高额的利润，但是研究开发管理的经验表明，一般创新在十项里只有一项成功，甚至百项里只有一项成功，尤其在研究开发阶段的淘汰率要比在商业运作阶段大得多，技术的不确定性、产品的不确定性和市场的不确定性是创新所要面临的主要风险[1]。因此理性的经济体在不能判断其下一步经济活动是否获利的情况下，创新活力会大打折扣[2]。其次，创新的风险性除了来自创新的不确定性，还源于其高额的创新成本，如果创新没有成功，所有的投入将会直接成为损失，因此高额的创新成本同样会抑制产业创新的活力。再者，生态创新可能导致产业间的技术缺口。当生态创新所带来的技术进步能在各产业之间很好地衔接和传递，才能带动产业结构的升级。相反，如果生态创新引起产业之间技术联系的缺口或断层，会造成资源的浪费和资源使用效率的低下。以密切联系的电子制造业与锡铅焊料焊接技术为例，如果焊料焊接技术改进了，比如对焊接的温度要求发生了变化，那么就必须对所有电子制造业的现有工艺工程进行调整。可能需要重新设计现有的产品和零部件，甚至要购置新的生产机器，那么就要耗费大

---

① 克利斯·弗里曼，罗克·苏特：《工业创新经济学》，北京大学出版社，2005 年。

② Cooke P, Uranga M G, Etxebarria G. Regional Innovation Systems: Institutional and Organizational Dimensions. *Research Policy*, 1997(26).

量的资金,并且会造成一大批原材料的浪费。

(2)产业共生分担生态创新成本,消除技术缺口

第一,产业共生能够分担创新的风险。共生体系内产业之间的有机联系使得各产业的利益息息相关,因此在短期内为了获得更多的经济效益,共生单元之间就会加强信息交流、知识共享和技术合作,这些学习和交流过程对于创新具有重要作用①。各产业尤其是上下游产业之间通过信息交流了解彼此的生产现状和技术水平,通过知识共享来解决各产业生产经营中出现的问题,通过技术合作来分担研究开发的风险。因此,产业共生能够让各产业更了解整体的创新环境,避免盲目的创新,降低创新的不确定性。

第二,产业共生能够分担创新的成本。知识和信息作为创新的基本元素,具有明显的非竞争性和非排他性,共生体系内的各产业集聚在一个特定的区域内能够获得知识的溢出效应,以较低的成本进行学习,同时单个产业也可以通过共生关系不断推动创新知识的增值,使得创新在网络内共生单元间实现扩散,产业间的技术合作能够分摊创新的费用,降低单个产业的研发成本。

第三,产业共生能够消除技术缺口。具有共生关系的产业之间是以经济利益为外在驱动力的,当某个产业的生态创新影响了产业间资源的循环利用,产业的经济利益就会受损,此时共生产业之间就会形成技术联盟,共同参与技术开发,来消除由生态创新所引起的技术断层,恢复产业系统内资源的循环利用。但是值得注意的是,这种技术的合作,大多发生在互利共生的模式中,而在偏利共生或寄生的模式中发生的可能性很低。因为在寄生的

---

① Murat Mirata, Tareq Emtairah. Industrial Symbiosis Network and the Contribution to Environmental Innovation: The Case of the Landskrona Industrial Symbiosis Programme. *Journal of Cleaner Production*, 2005(13).

共生模式中,其中一方共生单元完全依赖另一方而生存,这种对接技术的开发只会对寄生的一方有利,而对被依赖的那方来说是完全的净损失,所以作为逐利性的主体是不会参与这种亏本的活动的。同样,如果偏利共生模式中所获得的额外收益全由一方获得,对另外一方既无害也无利,那么技术合作依然无法实现。

因此,产业共生能够分担生态创新的成本与风险,并有效消除技术缺口以实现更高的经济效益。可见,产业共生可以促进生态创新,并最终促进产业结构优化。下面我们借助数学模型来进行进一步的论证。

(3)案例分析

我们以上下游产业间废弃物与原材料转换为例,应用简单的数学模型来说明产业共生为何能实现各产业生态创新成本的减少和经济效益的提升。首先假设在没有产业共生的情况下,上游企业和下游企业的产量分别为 $Q_1$ 和 $Q_2$,每单位产品的售价分别为 $P_1$ 和 $P_2$,每单位产品所需要消耗的生产成本是 $C_1$ 和 $C_2$,那么两个企业能获得的利润分别为:

$$R_1 = P_1 Q_1 - C_1 Q_1 \tag{7-1}$$

$$R_2 = P_2 Q_2 - C_2 Q_2 \tag{7-2}$$

上下游企业之间如果决定进行废弃物或副产品与原材料的交换,就需要进行生态创新活动,以实现废弃物与原材料之间的转换,假设创新的成本为 $M$,创新成功以后,双方签订双边协议,上游企业就可以将生产活动所产生的废弃物或副产品出售给下游企业,假设每单位售价为 $\pi_1$(相当于使得每单位的产品获得额外的一部分收益),下游企业由于获得了廉价的原材料,使得每单位生产成本降低 $\pi_2$,考虑到上游企业生产剩余物要转化为下游产业的原材料需要成本,设每单位的转换成本为 $N$,假设企业的产量保持不变,转换成本由上游产业承担的部分为 $x$($0 < x < 1$),则下游产业承担转换成本的($1-x$)比例。则两个

企业所获得的利润又可以写为：

$$R_1' = (P_1 + \pi_1)Q_1 - (C_1 + xN)Q_1 \tag{7-3}$$

$$R_2' = P_2Q_2 - [C_2 - \pi_2 + (1-x)N]Q_2 \tag{7-4}$$

$$R_1' + R_2' = (P_1Q_1 - C_1Q_1) + (P_2Q_2 - C_2Q_2) + (\pi_1 - xN)Q_1 + [\pi_2 - (1-x)N]Q_2$$
$$= R_1 + R_2 + (\pi_1 - xN)Q_1 + [\pi_2 - (1-x)N]Q_2 \tag{7-5}$$

从式(7-5)可知，产业共生分担了废弃物与原材料的转换成本 $N$，生态创新得以实现的前提是：$\pi_1 > xN$；$\pi_2 > (1-x)N$。也就是说只要所获得的额外经济收益大于各自承担的转换成本，生态创新就会发生。在生态创新成功后，双方都获得了好处，上游企业获得了 $(\pi_1 - xN)Q_1$ 的额外收入，下游企业获得了 $[\pi_2 - (1-x)N]Q_2$ 的成本节约，双方所创造的额外经济收益的总和为 $(\pi_1 - xN)Q_1 + [\pi_2 - (1-x)N]Q_2$，且该经济收益会随着产量的增加而增加。而生态创新的成本 $M$ 则是一次性投入，不会随产量的增加而增加，要使 $M < (\pi_1 - xN)Q_1 + [\pi_2 - (1-x)N]Q_2$ 只是时间问题。

综上所述，具有共生关系的产业之间就会形成技术联盟，共同进行生态创新，降低了生态创新的风险和成本；并且产业共生能够产生共生效益，使得生态创新之后，双方都能获得额外的经济效益，这部分额外的经济效益会随产量的增加而不断增加，最终超过生态创新的成本 $M$。因此，产业共生通过激发生态创新的活力来促进生态创新，并最终实现生态创新对产业结构优化的促进作用。

### 7.1.2 产业共生系统成长诱导生态创新活动

产业共生系统区别于传统的产业系统最大的本质特征是资源的循环再利用，但是它的发展和演变也遵守基本的市场规律，也需要适应它所处的外界环境。因此，产业共生系统的结构和状态也会随着时间而不断变化。而这一变化主要来源于两方面：一方面是共生单元本身的发展和变化，一方面是共生单元与其他共生单元之间的相互关系的变化而造成的共生体系的整体性质和状态的改变。因此，可以说产业共生系统只可能有短期的局部均衡存在，从系统整体和长期来看是非均衡的，这种非均衡是产业共生系统能够自我成长、自我适应和自我复制的自组织过程。这一过程诱导了生产要素创新、市场创新、组织创新等各种生态创新。

首先，产业共生系统的自我成长是一种趋于自然生态系统的产业共生模式、功能从无到有的自我产生。许多案例表明，产业共生系统中自我成长的过程普遍存在。比如经典的卡伦堡生态园就经历了近 20 年漫长的成长期，从 1975 年炼油厂将多余的丁烷气提供给石膏厂作为原材料，到 1993 年发电厂将加工后的硫酸钙卖给石膏板厂作为原材料，该产业共生系统才算较为成熟。自我成长是产业共生系统演进的前提，即使是由政府规划建设的产业共生系统也会经历这一过程，在这个过程中，从生产要素、组织结构等各方面都实现了生态创新。各产业建立从无到有的共生关系，将副产品、废弃物转换成新的生产资料，提供了一种新的原材料或半成品的供应来源，实现了生产要素创新；生态工业园内各企业、各部门形成新的组织结构，例如 4.3 节中芬兰 Kymenlaakso 工业园中，以制浆造纸业为核心部门，各化工企业、能源企业逐渐与其建立各种共生关系，在卡伦堡工业园内，由最初仅有炼油厂和石膏厂的组织结构逐步演变为由炼油厂、火电厂、制药厂、石膏厂等复杂的组织架构，实现了组织创新。以上所列的生产要素创新、工艺创新、组织创新等都直接或间接地带来了一定的环境效益，可以称为生态创新。

其次，产业共生系统的自我适应是系统内各产业与其他产业之间的相互适应以及整个系统与所处的外界环境不断协调的过程。前者是指当系统中的一种或多种产业由于渐变或突变而发生演化时,其他与之相关联的产业都必须对该变化做出反应,以使共生系统内的各产业部门处于最佳匹配状态;否则,进化了的产业会不再适应原来的关联关系,引致系统内各产业之间产生摩擦和紊乱,影响各产业及整个产业共生系统的效益。后者是指产业共生系统根据地理条件、资源状况、基础设施等硬环境和经济发展政策、环保政策法规、市场需求等软环境的演化而进行调整,进而出现新的状态和功能以适应新环境。比如资源、能源的稀缺所引致的原材料供给困难和成本上升会使得共生系统内各部门调整原材料的供给途径(如 5.1 节所述),实现生产要素创新;消费者消费意识变化和地方政府对产品质量要求的改变都可能造成共生系统内各部门生产工艺和产品的调整。贵糖集团通过技术创新降低了蔗糖中的含硫成分,赢得了可口可乐、百事可乐、娃哈哈等知名企业的青睐,实现了市场创新;政府出于对环境的保护制定的一系列环境政策和经济政策(征收废弃物填埋税、对有害物质的排放禁令等)都将引起共生体系内的一系列创新活动以适应环境的变更,这些创新活动同样会带来正的环境效益,因此也属于生态创新。

再次,产业共生系统的自我复制也是实现自我完善、自我发展的自组织进化过程。自我复制可以扩大产业共生系统的规模,为自我成长奠定基础。比如荷兰鹿特丹工业园生态规划(NIES)项目中,首先实施了一批投资风险较低的共享项目:包括污水集中处理、热电联产、压缩空气等,这些项目取得预期收益之后,就吸引了大批企业加入该工业园中,提高了参与能源梯级利用、废弃物交换等高风险、高收益项目的积极性,加速推动了整个鹿特丹工业区共生系统的完善和发展①。不可否认,自我复制在推动

---

① Lmabert A J D,Boons F A. Eco-industrial Parks:Stimulating Sustainable Development in Mixed Industrial Parks. *Technovation*,2002(22).

整个共生系统进化的过程中也会实现一系列的生态创新。

综上所述,产业共生系统自我成长、自我适应和自我复制的过程的进化过程,都会从不同程度上诱导生产要素创新、组织创新、市场创新等生态创新活动。

## 7.2 生态创新对产业共生的促进作用

任何一个墨守成规、抵制技术变革的产业共生系统,必然以牺牲资源效率和市场效率为代价。例如,卡伦堡产业共生体在过去的 30 年里,上下游企业从未发生变化。即使 Statoil 炼油厂提供的燃气比市面天然气昂贵,卡伦堡仍然拒绝引入市场竞争[①],这种强关联关系将直接造成该产业共生体的经济效益损失。因此,要充分实现产业共生的共生效益,就需要不断推进产业共生演化。而生态创新是促进产业共生演化的一个因素,它可能打破原有的产业共生关系,随之促进新产业共生关系的搭建,使得产业共生系统不断改变其形态和特征,其资源利用效率和系统功能得以提升,实现产业共生系统由低级简单共生向高级复杂共生转变的趋势。下面本书借用交叉弹性模型来深入分析生态创新对产业共生的促进机理,并以中国采掘业和初级加工业为例进行实证分析。

### 7.2.1 产业共生模式的度量

产业系统内的产业共生与自然界的物种共生有一定的区别。自然界物种共生具有直观性,容易观测和分析。当产业之间形成共生关系时,通常我们能够感觉到两者之间存在因为资源的交换而形成的共生关系,但其程度的强弱则不易在直观上

---

① Kirsten U Oldenburg,Kenneth,Geiser. Pollution Prevention and Industrial Ecology. *Journal of Cleaner Production*,1997,5(1).

判断,此时就需要依据相关数据进行计算。依据系统论的基本思想,系统状态由系统内部质参量决定,产业共生系统包含至少两个以上不同产业,而每一个产业都由一组质参量控制本产业并影响系统,各个产业的质参量共同控制系统的状态。每一组质参量中,质参量的作用大小不同,作用较大的质参量可以被称为主质参量。在一定条件下,产业共生系统的状态由少数主质参量决定,这些主质参量在产业共生系统演化的过程中起到关键甚至决定性作用。为便于分析,本书设有两个共生产业 A 和 B,其质参量分别为 $Z_a$ 和 $Z_b$,则定义 A 和 B 的共生度 $\eta_{ab}$ 为:

$$\eta_{ab} = \frac{dZ_a / Z_a}{dZ_b / Z_b} \qquad (7\text{-}6)$$

$\eta_{ab}$ 表示产业 A 和产业 B 在主质参量的影响下的共生度,因此 $\eta_{ab} \geqslant 0$,其含义是产业 B 的主质参量的变化引起产业 A 的主质参量的变化。这样的共生度反映出产业 A 对产业 B 的共生依存度,同理,$\eta_{ba}$(将式(7-6)的分子和分母对调)反映出产业 B 对产业 A 的共生依存度。那么可以用共生度来反映产业共生模式,如表 7-1 所示。

**表 7-1　不同共生模式的共生度**

| 共生度 | 共生模式 |
| --- | --- |
| $\eta_{ab} = \eta_{ba} = 1$ | 对称互利共生模式 |
| $\eta_{ab} > 1 > \eta_{ba}$ | 非对称互利共生模式,A 获利比 B 获利多 |
| $\eta_{ba} > 1 > \eta_{ab}$ | 非对称互利共生模式,B 获利比 A 获利多 |
| $\eta_{ab} = 0, \eta_{ba} > 0$ | 偏利共生,B 获利,A 不获利 |
| $\eta_{ab} > 0, \eta_{ba} = 0$ | 偏利共生,A 获利,B 不获利 |
| $\eta_{ab} < 0$ | 寄生,产业 A |

### 7.2.2　生态创新促进产业共生演化的理论阐述

产业共生包括互利(包括对称互利和非对称互利)和偏利等多种共生模式。生态创新能够通过转变已有的共生模式或改变原有共生模式的共生度来促进产业共生系统演化,使产业共生系统从低级向高级转变。下面本书首先借用理论模型进行阐述。

式(7-6)给出了产业共生的度量方法,$Z_a$,$Z_b$分别代表产业 A 和产业 B 演进的主质参量,$\eta_{ba}$ 表示产业之间的共生度。生态创新使得各产业的主质参量发生变化,分别产生了 $\Delta Z_a$,$\Delta Z_b$ 的增量。由于生态创新具有创新的特征,对产业的生产活动具有积极的影响,因此有 $\Delta > 0$。则共生度变化为 $\eta'_{ab}$ 为:

$$\eta'_{ab} = \frac{d(Z_a + \Delta Z_a)/(Z_a + \Delta Z_a)}{d(Z_b + \Delta Z_b)/(Z_b + \Delta Z_b)} \tag{7-7}$$

由数学分式的特性可知,$\eta'_{ab}$ 如何变化关键取决于 $\dfrac{d\Delta Z_a / \Delta Z_a}{d\Delta Z_b / \Delta Z_b}$。下面本书将对几类产业共生模式转变进行具体探讨。

(1)对称互利共生模式的转换。对称互利共生模式是双方获利相同,由表 7-1 可知,$\eta_{ab} = \eta_{ba} = 1$。进行生态创新后,共生产业 A 和产业 B 的主质参量发生相应的变化,共生度也会随之变化。若主质参量满足 $\dfrac{\Delta dZ_a / \Delta Z_a}{\Delta dZ_b / \Delta Z_b} = 1$,则变化后的共生度 $\eta'_{ab}$ 仍为 1,则说明产业 A 和产业 B 共生模式未发生改变,也就是说产业 A 和产业 B 仍为对称互利共生模式,但由于生态创新促进了各产业的主质参量都有所增加,使得两个产业的获利比原来更多,实现了产业共生关系的进化。例如产业 A 与产业 B 共同进行生态创新项目,使得两个产业获得了同样的产出增长率,则 A 与 B 之间互利共生的模式得以进化。但是生态创新对于各个产业的影响并不总是一致的,各产业对生态创新的吸收、创新成果的产品化、产业化等因素都会影响各产业的成长速度。若 $\dfrac{\Delta dZ_a / \Delta Z_a}{\Delta dZ_b / \Delta Z_b} < 1$,则 $\eta'_{ab} < 1$,此时,产业 A 和产业 B 在升级后共生

模式也发生改变,产业 B 获利比产业 A 多,两个产业由对称互利共生模式转变为非对称互利共生模式;若 $\dfrac{\Delta \mathrm{d}Z_a/\Delta Z_a}{\Delta \mathrm{d}Z_b/\Delta Z_b}>1$,则 $\eta'_{ab}>1$,此时产业 B 比产业 A 获利更多,共生模式同样由对称互利共生模式转变为非对称互惠共生模式。这里有两种特殊情况,一种是 $\eta'_{ab}=0$,一种是 $\eta'_{ab}=\infty$,它们是指生态创新使得两个产业的互利共生模式转变为偏利共生的模式,即改变后产业共生只对其中一方有利,对另一方没有任何影响。前者是指产业共生模式改变后只对 B 有利,后者是只对 A 有利。因此,对称互利共生模式在生态创新的作用下有可能保持原有的共生模式不变,也可能演变为非对称互利共生模式或偏利共生模式。

(2)非对称互利共生模式转换。以 A 产业获利更多的非对称共生模式为例($\eta_{ab}>1$),生态创新也使得两个产业的共生度发生变化,当 $\dfrac{\Delta \mathrm{d}Z_a/\Delta Z_a}{\Delta \mathrm{d}Z_b/\Delta Z_b}>\eta'_{ab}>\eta_{ab}>1$ 时,非对称互利的共生模式并未发生改变,但却使得产业 A 从共生中获益更多,共生依赖程度加强;当 $1<\dfrac{\Delta \mathrm{d}Z_a/\Delta Z_a}{\Delta \mathrm{d}Z_b/\Delta Z_b}<\eta'_{ab}<\eta_{ab}$ 时,共生模式没有变化,但产业 B 从共生中获益增多,共生依赖程度增强;若 $\eta_{ab}>1>\eta'_{ab}$ 则由产业 A 更获利转向产业 B 更获利的非对称互利共生模式,其他的转换过程就不再赘述。可见,非对称互利共生模式之间也会发生相互转换,即使共生模式不发生变化,产业间的依赖程度也会有所增强。

综上所述,从理论模型可以推知,生态创新可以增强共生产业之间的依赖程度,同时实现各种产业共生模式的相互转换(如图 7-1 所示,这里没有考虑寄生的情况),使得共生产业获得更高的收益,实现产业共生系统的演进。下面本书对该理论模型进行实证研究。

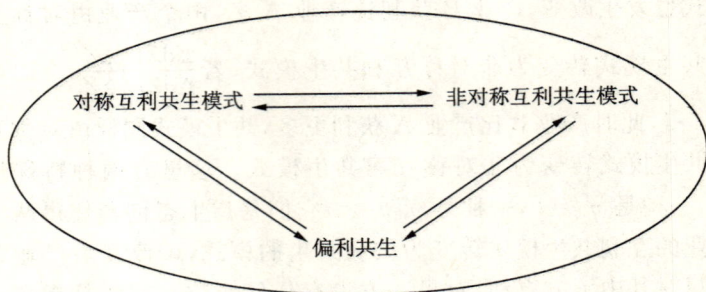

**图 7-1　生态创新促进产业共生模式转换图**

### 7.2.3　生态创新促进产业共生演化的实证研究

下面本书对中国 2002—2007 年生态创新对采掘业与初级加工业共生关系演变的影响进行实证分析。

（1）主质参量的选择

主质参量的选择对于共生度的准确计算具有至关重要的作用，它没有一个固定标准，需要根据具体经济问题来甄别。胡晓鹏认为因技术性质所发生的产业共生现象，其核心作用在于扩展了产业技术及其产品的使用边界，使产业的均衡产出不断提高，因此本书将产出增长率作为主质参量的指标之一[①]。由于生态创新要求经济效益和生态效益的统一，因此除了考虑产出增长率，还需考虑生态方面的指标，这里选择单位能耗产出效率[②]＝产业增加值/产业能源消耗总量的增长率来表征，并将单位能耗产出效率的增长率和产出增长率分别设置为 50％的权重，进行加权相加，作为主质参量。

---

① 胡晓鹏：《产业共生：理论界定及内在机理》，《中国工业经济》，2008 年第 9 期。

② 单位能耗产出效率＝产业增加值/产业能源消耗总量。

（2）数据搜集与整理

本书选择关联性较强的采掘业和初级加工业进行分析，并根据经验对这些产业进行两两配对。为了方便分析，本书将这些产业进行字母编号，共分配了 7 组产业 A1B1，A1B2，A2B1，A2B2，A3B4，A3B5，A4B3（详见表 7-2）。根据所选择的产业和主质参量，查阅 2002 年、2005 年和 2007 年中国投入产出表和相关年度的《中国统计年鉴》搜集相关数据（见表 7-2）。

表 7-2　产业共生的原始数据

| 产业代码 | 原始指标单位 | 2002 年 | | 2005 年 | | 2007 年 | |
|---|---|---|---|---|---|---|---|
| | | 能源消耗/万吨标煤 | 增加值/亿元 | 能源消耗/万吨标煤 | 增加值/亿元 | 能源消耗/万吨标煤 | 增加值/亿元 |
| A1 | 煤炭开采和选洗业 | 4 242.4 | 2 280.3 | 6 916.9 | 3 203.2 | 7 170.8 | 4 429 |
| A2 | 石油和天然气开采业 | 4 517.7 | 2 320.9 | 3 761.3 | 3 963.3 | 3 677.5 | 5 696.6 |
| A3 | 金属矿采选业 | 827.2 | 625.3 | 1 609.6 | 1 100.3 | 2 134.1 | 2 163.5 |
| A4 | 非金属矿采选业 | 654.5 | 740.1 | 862.5 | 691.7 | 946.9 | 1 510.6 |
| B1 | 石油加工、炼焦及核燃料加工业 | 8 478.7 | 1 046.4 | 11 881.9 | 2 331.4 | 13 176.5 | 3 752.1 |
| B2 | 化学工业 | 18 642.3 | 5 809.3 | 27 484.7 | 8 799.3 | 32 867.5 | 12 592.8 |
| B3 | 非金属矿物制品业 | 10 624.6 | 1 908.7 | 18 849.9 | 4 268.6 | 20 354.8 | 6 264.5 |
| B4 | 金属冶炼及压延加工业 | 23 700.4 | 3 749.3 | 43 176.9 | 6 459.7 | 58 460.7 | 11 928.6 |
| B5 | 金属制品业 | 1 481.7 | 1 419.7 | 2 220.4 | 2 322.7 | 2 832.5 | 3 687 |

资料来源：《中国投入产出表》(2002,2005,2007)，《中国统计年鉴》(2003,2006,2007)整理而得。

为方便计算，将这些数据进行标准化处理（如表 7-3），其中能效提升率是指某一时间段内能耗产出效率的变化率，产出提升率则是产业增加值的变化率。

表 7-3　产业共生数据的标准化处理

| 产业代码 | 2002—2005 年 | | 2005—2007 年 | |
| --- | --- | --- | --- | --- |
| | 能效提升率 | 产出提升率 | 能效提升率 | 产出提升率 |
| A1 | −0.160 64 | 0.288 137 | 0.250 221 | 0.276 76 |
| A2 | 0.512 436 | 0.414 391 | 0.319 774 | 0.304 266 |
| A3 | −0.105 81 | 0.431 709 | 0.325 709 | 0.491 414 |
| A4 | −0.409 88 | −0.069 92 | 0.497 306 | 0.542 12 |
| B1 | 0.371 032 | 0.551 18 | 0.310 954 | 0.378 656 |
| B2 | 0.026 659 | 0.339 8 | 0.1643 98 | 0.3012 48 |
| B3 | 0.206 676 | 0.552 848 | 0.264 203 | 0.318 603 |
| B4 | −0.057 39 | 0.419 586 | 0.266 781 | 0.458 472 |
| B5 | 0.084 088 | 0.388 775 | 0.196 368 | 0.370 031 |

　　从这两个阶段来看,2002—2005 年能耗产出效率的提升率不如 2005—2007 年,在该阶段,煤炭开采和选洗业、金属矿采选业、非金属矿采选业、金属冶炼及压延加工业的能耗产出效率都有所下降,因此在能效提升率中体现为负值。8 个产业中仅有非金属矿采选业的产出提升率为 −0.069 92,其他产业均大于 0。这说明所选择的采掘业和初级加工业的增加值在这几年内都有了提升。2005—2007 年,各产业的能耗产出效率和产出提升率均为正,即这 2 年内,8 个产业的增加值和能耗产出效率都有提高。

　　(3)产业共生度测算

　　在此基础上,本书应用生态创新是否促进产业共生演化可以运用式(7-1)和式(7-2)进行运算,比较 $\eta_{ab}2005$ 和 $\eta_{ab}2007$,这两个数值分别表示 2002—2005 年产业共生度和 2005—2007 年的产业共生度,其计算结果如表 7-4。

表 7-4 两个阶段中产业共生模式的升级与转变

| 产业配对 | $\eta_{ab}$ 2005 | 共生模式 | $\eta_{ab}$ 2007 | 共生模式 |
|---|---|---|---|---|
| A1B1 | 0.138 25 | 非对称互利共生<br>B 获利＞A 获利 | 0.764 173 | 非对称互利共生<br>B 获利＞A 获利 |
| A1B2 * | 0.347 912 | 非对称互利共生<br>B 获利＞A 获利 | 1.131 719 | 非对称互利共生<br>A 获利＞B 获利 |
| A2B1 * | 1.005 004 | 非对称互利共生<br>A 获利＞B 获利 | 0.904 919 | 非对称互利共生<br>B 获利＞A 获利 |
| A2B2 | 2.529 145 | 非对称互利共生<br>A 获利＞B 获利 | 1.340 16 | 非对称互利共生<br>A 获利＞B 获利 |
| A3B4 * | 0.899 783 | 非对称互利共生<br>B 获利＞A 获利 | 1.126 674 | 非对称互利共生<br>A 获利＞B 获利 |
| A3B5 * | 0.689 21 | 非对称互利共生<br>B 获利＞A 获利 | 1.442 664 | 非对称互利共生<br>A 获利＞B 获利 |
| A4B3 * | −0.631 71 | 寄生 | 1.783 482 | 非对称互利共生<br>A 获利＞B 获利 |

注：＊表示两个阶段的产业共生模式发生转变的产业配对。

由计算结果可见,所选 7 个产业配对中有五个产业共生模式在短短 5 年内发生改变,生态创新对产业共生演变的作用效果可见一斑。从共生程度来看,共生依赖关系都有不同程度的提升,只是提升的对象不同。A1B1 共生程度从 2005 年的0.138 25上升至 2007 年的 0.764 173,由于生态创新的作用,产业 A1 更为依赖产业 B1,使得产业 B1 主质参量提升时,产业 A1 的主质参量也得以提升。而 A2B1 共生程度从 2005 年的1.005下降到 2007 年的 0.905,这说明由于生态创新的作用,产业 B1 更为依赖产业 A2,使得产业 A2 主质参量提升时,能够带来更多产业 B1 主质参量的提升。又如 A4B3,共生程度从 2005年的−0.637 1上升至 1.783 482,说明,2002—2005 年期间,产业 A4 不利于产业 B3 的成长,2005—2007 年其间转变为互利共生关系。在现存产业共生系统中,由于对称互利共生模式要求条件较为苛刻,两个产业要同时获益且一致,因此这种共生模式很难出现在现实产业系统中。由所选取的 7 对产业组合可见,非对称互利共生模式是主要的产业共生模式。与 2005 年相比较,2007 年有更多的产业组的共生度接近 1,显示出向对称互利共生发展的趋势,因为其共生程度的均值更接近 1,例如 A1B2,的共生度由 0.347 9 变为 1.131 7,A2B2 的共生度由 2.53 变为 1.34 等。

综上所述,该模型能够通过较为简便的方法示意生态创新对产业共生演化的促进作用,由于生态创新以经济—生态综合效益为最终目标,因此本书将能耗产出效率与产出增长率的加权和为主质参量,其权重各取 50%。通过对中国采掘业和部分初级加工业 2005 年和 2007 年的产业共生度进行计算,发现非对称互利共生模式是产业系统中主要的共生模式;生态创新能够促进产业间的共生模式和共生度发生变化,但从总体看,这一阶段,产业共生度逐步趋向 1,也就是产业共生模式倾向于向对称互利共生模式方向发展,从而证实了生态创新对产业共生的促进作用。

## 7.3 产业共生与生态创新协同对产业结构优化的促进作用

本书的第 5 章和第 6 章分别介绍了产业结构优化的产业共生路径和生态创新路径。本章的前两节分别介绍了产业共生与生态创新之间相互的促进作用。

产业共生是由产业关联性和经济利益等内外驱动力共同驱动的,具有资源循环利用的基本特征,产业共生的过程是区域内各产业协同进化的过程,强调整体性。产业共生可以通过提升产业结构的协调性,提高资源利用效率,增强产业系统的稳定性三个方面来促进产业结构优化。

　　生态创新是以经济—生态综合效益为目标的创新活动,可以通过诱导新兴产业产生、提升传统产业的技术含量和生态效益来促进产业结构优化。

　　产业共生与生态创新在促进产业结构优化的过程中不是相互孤立的,而是协同促进的。产业共生能够通过分担生态创新的风险和成本、消除技术缺口来激发生态创新的活力;产业共生系统的进化过程也能诱导各种生态创新活动。生态创新能够实现产业共生度的提高以及产业共生模式的转换,实现产业共生系统由低级简单共生向高级复杂共生转变。

　　综上所述,产业共生与生态创新的这种协同促进关系进一步加强了产业结构优化的产业共生路径和生态创新路径,并最终实现了当前经济发展目标下的产业结构优化。笔者绘制了产业共生与生态创新协同促进产业结构优化的作用机制图辅以说明(见图 7-2)。

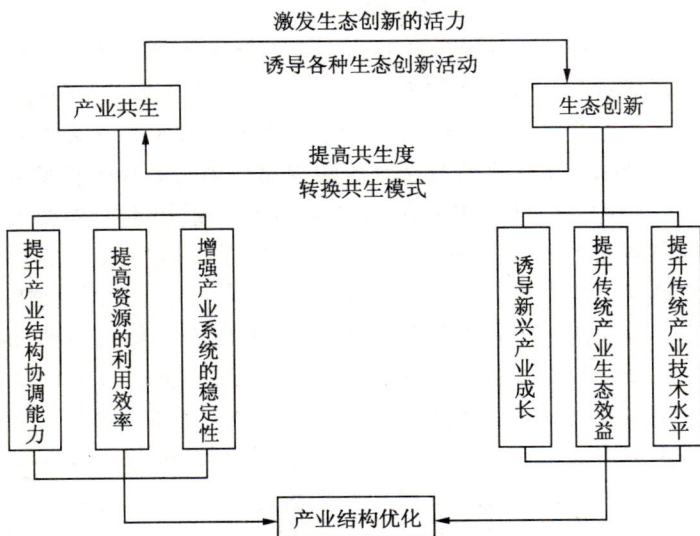

图 7-2　产业共生与生态创新协同促进产业结构优化的作用机制图

## 7.4　本章小结

本章重在阐述产业共生与生态创新之间协同作用机制,并结合全文提出针对产业共生路径和生态创新路径的政策建议。

(1)产业共生对生态创新具有促进作用。一方面,产业共生能激发生态创新的活力,生态创新的风险性主要体现在创新的不确定性和高额的创新成本,产业共生通过形成技术联盟,能够使共生产业分担创新的成本和风险,并且,在创新成功之后,还能获得额外的共生效益,因此生态创新能有力地激发生态创新的活力。另一方面,产业共生系统成长的过程能够诱导生态创新活动。产业共生系统的进化包括自我成长、自我适应和自我复制的过程,这些过程都会从不同程度上推动生产要素创新、组织创新、市场创新等生态创新活动。

(2)生态创新对促进产业共生具有促进作用。生态创新可以打破原有的产业共生关系,随之促进新产业共生关系的搭建,使得产业共生系统不断改变其形态和特征,实现产业共生系统由低级简单共生向高级复杂共生转变的趋势。本章借鉴胡晓鹏提出的产业共生度为研究基础,从理论角度说明生态创新能够实现对称互利型、非对称互利型、偏利共生等产业共生模式之间的转换。再根据生态创新的生态—经济效益统一的最终目标,改进胡晓鹏的产业共生度的主质参量,即以产出增长率和能耗产出率的加权和作为产业共生度的主质参量,对2002—2007年我国采掘业与初级加工业之间的共生度进行实证研究,结果显示生态创新的确能够促进产业间的共生模式和共生度发生变化。从总体看,这一阶段,产业共生度逐步趋向1,也就是产业共生模式倾向于向对称互利共生模式方向发展,从而证实了生态创新对产业共生演进的重要作用。

（3）产业共生与生态创新的这种协同促进关系进一步加强了产业结构优化的产业共生路径和生态创新路径，并最终实现了当前经济发展目标下的产业结构优化。笔者绘制产业共生与生态创新协同促进产业结构优化的作用机制图辅以说明。

# 8 研究结论、相关建议与展望

## 8.1 研究结论

本书综合运用产业经济学、产业生态学、生态经济学的相关理论,根据当前经济发展目标和产业发展趋势,重新界定产业结构优化的理论内涵,结合产业共生与生态创新的属性和特征,提出产业结构优化的产业共生路径和生态创新路径,并揭示产业共生与生态创新协同促进产业结构优化的作用机制。为丰富和完善产业结构优化理论提供理论依据,为国家和地方政府制定产业结构调整政策提供决策指导。

全书的主要研究内容和观点总结如下:

(1)鉴于当前的经济发展目标和产业发展趋势,本书指出了传统产业结构优化理论的局限性,主要包括三个方面:传统产业结构优化理论不能实现经济和生态效益统一的最终目标;原有的评价指标体系不能准确客观地评价当前经济发展目标下的产业结构优化水平;原有理论不能有效解决当前产业结构的内在矛盾。鉴于此,本书对产业结构优化内涵进行重新界定,包括三个方面:产业结构优化的最终目标是实现经济—生态综合效益的最大化和产业系统较强的稳定性;产业结构优化的原则是产业间关联深化、协调发展和产业素质提升的原则;产业结构优化的评价指标体系体现经济—生态综合因素。

（2）经济—生态综合效益体现经济效益和生态效益的整体水平，经济效益的本质是经济效率，生态效益的本质是生态效率。本书重点研究产业结构变动与生态效益之间的关系，选择能源消耗强度、污染排放强度两个指标来代表生态效益，分析产业结构变动与生态效益的关系。分别应用直接因素分解法和Divisia指数分解法对能源消耗强度和工业部门废气排放强度进行结构分解，测算产业结构变动等因素对它们的贡献度。结果显示在2002—2007年期间能源消耗强度的降低主要依赖技术进步因素，工业部门废气排放强度的降低则主要依赖于能源消耗强度和废气排放系数的降低。这期间产业结构对能源消耗强度和废气排放强度都呈现负效应，但是总体影响不大，也就是说产业结构的变动不利于生态效益的实现。因此仅仅基于经济效益对产业结构优化水平进行评价是不够准确的。

本书随后构建了基于生态—经济综合效益的产业结构优化评价指标体系，分别将高技术化、服务化和加工度化指标作为高级化指标，将产业关联度作为合理化指标，将低能耗产业产值占工业增加值比重、低污染产业产值占工业增加值比重作为生态化指标，应用主成分分析方法对我国历年及分省域的产业结构优化水平进行测算。结果显示，2001—2010年为中国产业结构优化水平呈现波动上升的趋势，产业结构优化水平综合排名与各地区的经济发展水平排名具有一定的差异，山西等省域产业结构优化水平的排名远落后于人均GDP的排名，说明这些省份的经济增长更多的是依赖高能源、高污染的产业。在经济—生态综合效益下的产业结构优化水平是产业结构关联度水平、产业结构高级化和生态化共同作用的结果，只有保证这三方面的均衡发展，才能实现当前产业结构优化水平的提高，才能实现经济—生态综合效益，因此有必要改变产业结构调整的方向和途径。

（3）探索产业结构优化的产业共生路径。产业共生的基本属性与特征决定它是实现产业结构优化的必然选择。产业共生通过提高产业结构的协调能力、提高资源利用效率，增强产业系统的稳定性三条路径来实现产业结构优化。首先，产业共生强调废弃物再利用，增加了各产业原材料供给的途径；产业共生的群落特征使一定区域内的产业能够用更高质量的内生媒介代替外生媒介进行交流，降低生产环境的不确定性，并且可以通过签订"双边协议"来约束不诚信行为，实现各产业供需在时效上的协调性，因此产业共生能够提高产业结构的协调能力。其次，产业共生的资源循环利用的基本特征，能够实现资源在各产业之间的多级递进，减少资源最终作为废弃物的部分，提高资源的利用率；产业共生的价值增值的属性决定产业共生必然产生共生效益，这个共生效益取决于共生单元的"促进系数"，产业共生能获得更多的产出，从而提高了资源利用的产出效率，因此产业共生能够提高资源的利用效率。再次，产业共生的过程是各产业协同进化的过程，会产生新的共生单元或新的共生模式，使得产业系统呈现出类似于自然生态系统那样的多样性，从而填补产业系统内的"结构洞"，既平衡了各产业之间的依赖关系，又增加了产业系统的复杂性，从而实现了产业系统的稳定性。芬兰制浆造纸业生态园的案例从实践上论证了以上三条路径，并全面客观地反映了产业共生能够增加各产业及产业系统整体的经济效益和生态效益，进一步论证了产业共生路径对实现当前产业结构优化的重要意义。

（4）探索产业结构优化的生态创新路径。生态创新的基本特征决定它也是实现产业结构优化的必然选择。生态创新通过诱发新兴产业成长、提高传统产业的技术水平和生态效益两条路径来实现产业结构优化。首先，新兴产业具有创新性、成长性、先进性和风险性的典型特征,产业前期生产工作、产业前期的销售工作、跨部门合作与生命周期分析等生态创新活动可以解决新兴产业成长的"风险性"和"时效性"的问题,促进新兴产业的成长与壮大,并最终实现主导产业的转换。苏州高新技术产业开发区和苏州工业园区的调研结果,说明该地区从事新兴产业的企业已经开始实施生态创新活动,其中跨部门合作最为明显,这些生态创新活动对新兴产业的成长起到了积极的作用。其次,传统产业是以传统技术为支撑的相关产业,属于高污染、高消耗的产业,但是它对经济增长和高技术产业发展具有重要作用,生态创新通过提高技术水平和生态效益来实现传统产业的升级。这一实现路径本书借用系统动态理论模型加以说明,全面揭示生态创新促进传统产业升级的路径。

(5)揭示产业共生与生态创新协同促进产业结构优化的作用机制。首先,产业共生能够通过分担生态创新的风险和创新成本,还能获得额外的共生效益,因此生态创新能有力地激发生态创新的活力;产业共生系统自我成长、自我适应和自我复制的过程能够诱导生产要素创新、组织创新、市场创新等各种生态创新活动,因此产业共生对生态创新具有促进作用。其次,生态创新可以打破原有的产业共生关系,随之促进新产业共生关系的搭建,使得产业共生系统不断改变其形态和特征,实现产业共生系统由低级简单共生向高级复杂共生转变的趋势。本章借鉴胡晓鹏提出的产业共生度为研究基础,从理论角度说明生态创新能够实现产业共生模式的转换和产业共生度的提高,并以此为基础对 2002—2007 年中国采掘业与初级加工业之间的共生度进行实证分析。结果显示,这期间所选 7 对产业的共生模式有 5 对发生了变化,且总体上看产业共生度趋向 1,说明产业共生模式倾向于向对称互利共生模式方向发展,证实了生态创新对产业共生演进的重要作用。再次,产业共生与生态创新的这种协同促进关系进一步加强了产业结构优化的产业共生路径和生态创新路径,并最终实现了当前经济发展目标下的产业结构优化。笔者绘制产业共生与生态创新协同促进产业结构优化的作用机制图辅以说明。最后,结合全文,笔者提出了相关的政策建议。

## 8.2 相关政策建议

由前文可知,产业共生与生态创新是产业结构优化的重要路径,且产业共生与生态创新的协同作用机制更有助于实现当前经济发展目标下的产业结构优化。但是产业共生路径与生态创新路径的有效实现,需要一定的政策辅助,最后本书提出产业结构优化的产业共生路径与生态创新路径的相关政策建议。

### 8.2.1 产业共生的相关政策建议

由前文可知,产业共生是由产业间的连续性质和经济利益等内外驱动力共同作用的,因此,任何违背了产业逐利性和竞争性的行为,都会导致产业共生系统的失败,Chertow 认为由政府规划形成的产业共生系统的成功率并不高[①],Gibbs 对美国总统可持续发展理事会(USPCSD)上公布的 34 个生态园进行调查,结果显示其中 16 个生态园建设被拖延或者开展了非生态产业发展,剩下的 18 个生态园中,有 7 个还在计划和提议阶段,5 个还在实验建设中,只有 6 个在开放经营中。被吸引进入工业园的企业大多不是以共生为目的,而只是希望获得更多的公共财

---

① Chertow M R. Evaluating the Success of Eco-industrial Development. In: Cohen-Rosenthal, *Eco-industrial Strategies: Unleashing Synergy Between Economic Development and the Environment*. Greenleaf, 2003.

政支持或获得更高的媒体知名度,因此很难真正实现产业共生①。这一较低的成功率说明政府不可能直接参与产业之间的物质资源交换活动,产业共生关系的长期维持还是依赖产业之间以经济利益驱动的自觉行为。

但是如果政府完全不予干预,任由产业共生系统自由成长,其结果也不容乐观。如 6.1 节所述,产业共生系统的自我成长会经历一个漫长的过程,在这个过程中任何一个环节(例如企业诚信、技术水平)出现问题,都会使得产业共生关系失衡,甚至导致共生系统瓦解;再者产业的逐利性决定了共生体系内的产业只会追求由共生关系带来的经济效益,而不会理会这种共生关系是否为社会带来了生态效益。因此如果没有政府的监督和维护,很难保证各产业不会为了实现更高的经济效益而放弃生态效益,使得产业共生系统失去其原有的宗旨和意义。

由此可见,产业共生的形成和发展不可能由地方政府一手包办,但是也不能没有政府的协调和管理。因此,如何有效发挥政府的作用来引导和促进产业共生系统的成长就是一个值得深入探讨的问题。

(1)明确政府在产业共生系统中的角色和功能。据文献资料统计,欧洲的生态工业园的成功率要明显高于美国的工业生态园②,这是由于欧洲工业园早期大多是自发形成,以最成功的卡伦堡产业生态园为例,政府并没有一开始就干预产业共生,而是在发展的过程中为各产业提供财政和政策的支持以扫除产业共生的障碍。因此,政府在产业共生形成和发展的过程中更适

---

① Gibbs D C. Trust and Networking in Interfirm Relations: The Case of Ecoindustrial Development. *Local Economy*, 2003, 18(3).

② 杨玲丽:《工业共生中的政府作用——以贵港生态工业园为案例》,《技术经济与管理研究》,2010 年第 6 期。

合做一个协调者和管理者,而不是一个规划大师,其协调和管理的作用体现在以下几方面:

第一,政府作为政策的制定者,要根据本地的资源状况、产业发展等现状明确该地区下一阶段的经济发展目标,为产业共生的发展指明方向,例如卡伦堡政府在 20 世纪 70 年代制定的国家排放政策就促进了该工业园第一次共生交换,而 80 年代后期的共生项目基本与国家的节能节水立法和废弃物管理政策相匹配[①],可见这些基本的发展政策不仅引导了产业共生发展的方向,更进一步催化了产业共生系统的成长。

第二,政府可以为产业共生提供相应的公共政策和财政支持。产业共生并不是通过一份简单的协议或者合约就可以实现,而是需要一笔原始资本进行基础设施建设、技术磨合等一系列前期准备,这也是为什么生态产业园的自我发展总是需要漫长的过程,如果政府能够提供公路水电等基础设施的支持以及税收优惠、信贷支持等财政政策,就会大大降低共生的难度、加快产业共生系统的演进速度。英国可持续发展商业委员会之所以能实现世界上最大的副产品交换聚集区,是因为当地政府一直在为产业共生提供公共政策和财政支持。

第三,政府可以投入一些资源环境相关的项目作为产业共生的驱动器。由政府出资的产业共生项目,一方面可以降低各产业试验的成本;另一方面还能起到引导和示范作用,产业共生自我复制的特征决定那些成功的示范项目将吸引更多的企业、产业加入到生态园中,形成更多新的共生体,壮大产业共生系统的规模。

第四,政府要稳定产业共生关系。产业共生是建立在互相信任的基础上的,共生单元之间通常用双边协议来约束对方。

---

① 江小涓:《产业结构优化升级:新阶段和新任务》,《财贸经济》,2005 年第 4 期。

由于信任关系会受到经济、社会、环境等各种因素的影响，因此政府需要对约束"信任"的双边协议进行有效的管理，对不守信的行为予以责任追究。对于产业共生系统中各产业之间出现的摩擦和冲突要予以及时的调解，保证产业共生关系的稳定性。

（2）明确政府在产业共生各个阶段的职责。在产业共生系统演化的不同阶段，政府的政策并不是完全一致的，需要根据产业共生的发展阶段来提供相应的政策才能起到事半功倍的作用。

在产业共生的形成阶段，产业共生系统的自我成长能力还不强，很容易由于外界的微小影响而产生较大的变动，具有高度的不稳定性。在这个阶段，有必要提供一些优惠的公共政策、资金支持以及提供人才支持以吸引更多共生单元的集聚，使系统向纵深方向发展；在产业共生系统趋于稳定的阶段，由于已经具备一定的规模和多样性，使得该系统的自我成长、自我适应的能力有所增强，表现为共生单元之间的物质资源交换、信息交流、技术合作等活动频繁，系统的抵抗力有很大的提升，这一阶段政府应该更重视产业共生单元之间协调和管理，完善内部的制度体系、文化建设提升产业共生系统的稳定性；在产业共生系统的突变阶段，共生单元之间的创新活力会降低、合作机制会运行不畅，此时就需要政府作为产业共生的第三者来寻找突变的原因，并给予优惠政策或各种行政手段的支持来解决问题，恢复产业共生系统的稳定。

### 8.2.2　生态创新的相关政策建议

从已有的文献研究可知生态创新通常需要辅以政策手段，例如环境政策、污染控制等等。本书第6章详细阐述了产业结构优化的生态创新路径，但是这一路径的有效实施，并不能只靠产业内的企业的自主行为，还需要政府的辅助作用，在此本书给出以下几点建议：

（1）政府把握生态创新的主体方向。生态创新能够促进新兴产业的成长，其创新活动将直接或间接地影响下一阶段产业结构的演进方向。因此政府需要从宏观角度分析该国或者该区域的产业结构发展要求，并且引导生态创新投向最需要的产业部门，让有限的资源发挥最大的效用。

（2）政府为生态创新提供合作平台。跨部门合作是生态创新的重要活动之一，但是它常常会受到地域、信息交流等因素的影响，政府作为产业系统的宏观管理部门，可以及时有效地为各部门的合作建立桥梁；从政策角度鼓励跨部门合作，对于进行跨部门合作的产业给予资金、技术有力的支持；建立共享的信息交流平台，减少跨部门合作的成本。

（3）加强知识产权保护。企业进行生态创新的主要动力是生态创新所能够实现的高额利润，如果创新产品能够被随意模仿，那么企业进行生态创新的动力就会减退。因此，政府需要加强对知识产权的保护，以提高各产业进行生态创新的积极性，实现产业结构优化升级。

## 8.3 研究展望

本书根据当前经济发展目标和产业发展趋势，重新界定了产业结构优化的理论内涵，并基于新的指标体系对中国产业结构优化水平的历史演变和省域水平进行比较分析，结合产业共生与生态创新的属性和特征，提出了产业结构优化的产业共生路径和生态创新路径，并揭示了产业共生与生态创新协同促进产业结构优化的作用机制。在此基础上，还有一些问题值得深入研究，具体包括以下几方面：

（1）对中国产业结构优化水平进行分阶段比较。搜集和整理自改革开放以来的相关数据，对中国及各省域的产业结构优化水平进行分阶段的分析和比较,寻找更具有规律性的结果。

（2）对全行业的产业共生度进行计算。按照能源部门、初级加工业、高级加工业、服务业对产业进行分类,计算各大类之间产业共生度、各大类内部产业共生度,探寻全行业的产业共生关系。

（3）通过具体测算产业共生的半径来选择一个特定区域,考察该区域产业结构优化的现状,搜集相关数据,对产业共生与生态创新协同促进产业结构优化的作用机制进行定量分析,并根据结果提出更为有效的政策建议。

# 参考文献

[1] Kuznets. *Growth and Structural Shifts in Economic Growth and Structural Change in Taiwan : The Postwar Experience of the Republic of China*. Cornell University Press, 1979.

[2] Lewis W A. Economic Development with Unlimited Supplies of Labour. *The Manchester School*, 1954, 22(2).

[3] 钱纳里,赛尔昆:《发展的型式:1950—1970》,经济科学出版社,1988 年。

[4] 钱纳里,卢宾逊,塞尔奎因:《工业化和经济增长的比较研究》,吴奇,王松宝译,上海三联书店,1989 年。

[5] Grossman G M, Helpman E. *Innovation and Growth in the Global Economy*. MIT Press, 1991.

[6] Robert E, Lucas J R. Making A Miracle. Econometrica, 1993(5).

[7] Nelson R R, Pack H. The Asian Miracle and Modern Growth Theory. *The Economic Journal*, 1999(7).

[8] Berthelemy Jean-Claude. The Role of Capital Accumulation, Adjustment and Structural Change for Economic Take-off. *World Development*, 2001(29).

[9] Akkemik K Ali. Labor Productivity and Inter-sectoral Reallocation of Labor in Singapore (1965—2002). *Forum of International Development Studies*, 2005, 30.

[10] Calderon Cesar, Alberto Chong, Gianmarco Leon Forum.

Institutional Enforcement. *Emerging Markets Review*, 2007,8(1).

[11] 江小涓:《产业结构优化升级:新阶段和新任务》,《财贸经济》,2005 年第 4 期。

[12] 刘伟,张辉:《北京市产业结构变迁对经济增长贡献的实证研究》,《经济科学》,2009 年第 4 期。

[13] 干春晖,郑若谷:《改革开放以来产业结构演进与生产率增长研究》,《中国工业经济》,2009 年第 2 期。

[14] 郑若谷,干春晖,余典范:《转型期中国经济增长的产业结构和制度效应——基于一个随机前沿模型的研究》,《中国工业经济》,2010 年第 2 期。

[15] 张军,陈诗一,Gary H Jefferson:《结构调整与中国工业增长》,《经济研究》,2009 年第 7 期。

[16] Timmer S,Zirmai A. Productivity Growth in Asian Manufacturing: The Structural Bonus Hypothesis Examined. *Structural Change and Economic Dynamics*, 2000(11).

[17] 吕铁,周叔莲:《中国的产业结构升级与经济增长方式转变》,《管理世界》,1999 年第 1 期。

[18] Peneder. Structural Change and Aggregate Growth. WIFO Working Paper. *Austrian Institute of Economic Research*. Vienna,2002.

[19] 蕾切尔·卡逊:《寂静的春天》,吉林人民出版社,1997 年。

[20] Boulding K E. *Economic Analysis*. Harper and Row,1966.

[21] Donella H Meadows, Dennis L Meadows Jorgen Randers, William W Behrens. *The Limits to Growth*. Universe Books,1972.

[22] WECD. *Our Common Future*. Oxford University Press, 1987.

[23] 陈诗一:《浅谈中国的环境保护、经济增长与可持续发展》, 《上海综合经济》,2002 年第 8 期。

[24] Kuznets,S. Quantitative aspect of the economic growth of Nations: II. *Economic Development and Cultural Change*,1957(5).

[25] 刘伟:《经济发展目标的结构解释》,《经济研究》,1995 年第 11 期。

[26] David Romer, Keynesian Macroeconomics without the LM Curve. NBER working paper,2000(1).

[27] 刘伟,李绍荣:《产业结构与经济增长》,《中国工业经济》, 2002 年第 5 期。

[28] 薛白:《基于产业结构优化的经济增长方式转变——作用机理及其测度》,《管理科学》,2009 年第 10 期。

[29] 周叔莲,王伟光:《科技创新与产业结构优化升级》,《管理世界》,2001 年第 5 期。

[30] 刘伟,张辉:《中国经济增长中的产业结构变迁和技术进步》,《经济研究》,2008 年第 11 期。

[31] 李博,胡进:《中国产业结构优化升级的测度和比较分析》, 《管理科学》,2008 年第 4 期。

[32] 伦蕊:《工业产业结构高度化水平的基本测评》,《江苏社会科学》,2005 年第 2 期。

[33] 黄溶冰,胡运权:《产业结构有序度的测算方法——基于熵的视角》,《中国管理科学》,2006 年第 2 期。

[34] 吴敬链:《中国经济转型的困难与出路》,《中国改革》,2008 年第 2 期。

[35] 邱灵,方创琳:《城市产业结构优化的纵向测度与横向诊断模型及应用——以北京市为例》,《地理研究》,2010 年第 2 期。

［36］干春晖,郑若谷,余典范:《中国产业结构变迁对经济增长和波动的影响》,《经济研究》,2011 年第 5 期。

［37］Murillo Zamorano L R. The Role of Energy in Productivity Growth: A Controversial Issue? *The Energy Journal*,2005,26(2).

［38］Brock W,Taylor M. S. Economic Growth and the Environment,In: Aghion P,Durlauf S（Eds.）,*Handbook of Economic Growth* Ⅱ,2005(28).

［39］习近平:《大力发展循环经济,建设资源节约型、环境友好型社会》,《管理世界》,2005 年第 7 期。

［40］蒋贤孝。《循环经济视角下的产业结构调整途径》,《生态经济》,2007 年第 9 期。

［41］卫兴华,侯为民:《中国经济增长方式的选择与转换途径》,《经济研究》,2006 年第 9 期。

［42］冯之浚,牛文元:《低碳经济与科学发展》,《中国软科学》,2009 年第 8 期。

［43］何德旭,姚战琪:《中国产业结构调整的效应、优化升级目标和政策措施》,《中国工业经济》,2008 年第 5 期。

［44］Kahrl Fredrich and David Roland-Holst. Growth and Structural Change in China's Energy Economy. *Energy*,2009(7).

［45］李春发,李红薇,徐士琴:《促进生态文明建设的产业结构体系架构研究》,《中国科技论坛》,2010 年第 2 期。

［46］潘文卿,陈水源:《产业结构高度化与合理化水平的定量测算》,《开发研究》,1994 年第 1 期。

［47］马小明,张立勋,戴大军:《产业结构调推规划的环境影响评价方法及案例》,《北京大学学报（自然科学版）》,2003 年第 7 期。

[48] 吉小燕,郑垂勇,周晓平:《循环经济下的产业结构高度化影响要素分析》,《科技进步与对策》,2006 年第 12 期。

[49] 董琨:《中国产业结构多目标动态随机优化模型》,大连理工大学博士学位论文,2008 年。

[50] 刘淑茹:《产业结构合理化评价指标体系构建研究》,《科技管理研究》,2011 年第 5 期。

[51] Cote Raymond J Hall. The Industrial Ecology Reader. Halifax,Nova ScoLia:Dallhousie University,School for Resource and Environmental Studies. 1995.

[52] Gertler N. Industrial Ecosystem:Developing Sustainable Industrial Structures. Disserluion for Muster of Science in Technology and Policy and Master of Science in Civil and Environmental Engineering. Massachusetts Institute of Technology,1995.

[53] 李广明,黄有光:《区域生态产业网络的经济分析——一个简单的成本效益模型》,《中国工业经济》,2010 年第 2 期。

[54] 刘明宇,芮明杰:《全球化背景下中国现代产业体系的构建模式研究》,《中国工业经济》,2009 年第 5 期。

[55] 袁纯清:《共生理论——兼论小型经济》,经济科学出版社,1998 年。

[56] 刘志迎,郎春雷:《基于共生的产业经济分析范式探讨》,《经济学动态》,2004 年第 2 期。

[57] 胡晓鹏:《产业共生:理论界定及内在机理》,《中国工业经济》,2008 年第 9 期。

[58] 肖忠东,顾元勋,孙林岩:《工业产业共生体系理论研究》,《科技进步与对策》,2009 年第 9 期。

[59] 孔晓宏:《发展循环经济是产业结构优化调整的有效途径——关于安徽产业结构优化调整问题的思考》,《学术

界》,2010 年第 2 期。

［60］周碧华,刘涛雄,张赫:《我国区域产业共生演化研究》,《当代经济研究》,2011 年第 3 期。

［61］Lifset R. Industrial Metaphor, A Field, and A Journal. *Journal of Industrial Ecology*, 1997(1).

［62］Frosch R A, Gallopoulos N E. Strategies for Manufacturing. *Scientific American*, 1989, 261(3).

［63］Cote R P, Cohen Rosenthal E C Designing Eco-industrial parks: A Synthesis of some Experience. *Journal of Cleaner Production*, 1999(5).

［64］Gibbs D. Trust and Networking in Interfirm Relations: The Case of Eco-industrial Development. *Local Economy*, 2003, 18(3).

［65］Robert B H. The Application of Industrial Ecology Principles and Planning Guidelines for the Development of Ecoindustrial Parks: An Austrialian Case Study. *Journal of Clean Production*, 2004, 12(8－10).

［66］Korhonen J, Snakin J P. Analysing the Evolution of Industrial Ecosystem: Concepts and Application. *Ecological Economics*, 2005(52).

［67］Chertow M. Uncovering Industrial Symbiosis. *Journal of industrial Ecology*, 2007, 11(1).

［68］Gibbs D, Deutz P. Reflections on Implementing Industrial Ecology Through Eco-industrial Park Development. *Journal of Clean Production*, 2007(15).

［69］Tudor T, Adam E, Bates M. Drivers and Limitations for the Successful Development and Functioning of EIPs (eco-industrial Park): A Literature Review. *Ecological*

*Economics*,2007,61(3).

[70] Park H S,Rene E R,Choi S M,Chiu A S F. Strategies for Sustainable Developmeng of Industrial Park in the Ulsan,South-Korea from Spontaneous Evolution to Systematic Expansion of Industrial Aymbiosis. *Journal of Environment Management*, 2007,87(1).

[71] Lamher A J D,Boons F A. Eco-industrial Parks:Stimulating Sustainable Development in Mixed Industrial Parks. *Technovation*,2002 (22).

[72] Ehrenfeld J. Industrial Ecology:A New field or only A Metaphor? *Journal of Cleaner Production*,2004 (12).

[73] 袁纯清:《共生理论——兼论小型经济》,经济科学出版社,1998年。

[74] 胡晓鹏:《产业共生:理论界定及其内在机理》,《中国工业经济》,2008年第9期。

[75] Fussler C,James P. Eco-Innovation:A Break Thorough Discipline for Innovation and Sustainability London,1996.

[76] Arundel A,Kemp R. Measuring Eco-innovation,UNN-MERIT Working Paper Series. 2009.

[77] OECD. Sustainable Manufacturing and Eco-innovation,2009.

[78] OECD. Oslo Manual Guide lines for Collecting and Interpreting Innovation Data. Organization for Economic Cooperation and Development:Statistical Office of the European Communities,2005.

[79] Cleff T,Rennings K. Determinants of Environmental Product and Process Innovation. *European Environment*,1999(9).

［80］Kemp R，Arundel A. Survey Indicators for Environmental Innovation. IDEA report. STEP Group，2008.

［81］Rennings K，Zwick T. Employment Impacts of Cleaner Production，ZEW Economic Studies 21. Physica Verlag，2003.

［82］Horbach J. Determinants of environmental innovation-new evidence from German panel data sources. *Research Policy*，2008(37).

［83］Sandra R，Stelios Z. Determinants of Environmental Innovation Adoption in the Printing Industry：The Importance of Task Environment. *Business Strategy and the Environment*，2007,16(1).

［84］Rennings K. Redefining Innovation-eco-innovation Research and the Contribution from Ecological Economics. *Ecological Economics*，2000,32.

［85］Taylor M. Beyond Technology-push and Demand-pull：Lessons from California's Solar Policy. *Energy Economics*,2008,30(6).

［86］Hellstrm T. Dimensions of Environmentally Sustainable Innovation：the Structure of Eco-innovation Concepts. *Sustainable Development*,2007(15).

［87］异同:《正确理解经济效益,促进经济发展》,《经济研究》。1993 年第 10 期。

［88］Höh H,Schoer K,Seibel S. Eco-Efficiency Indicators in German Environmental Economic Accounting. *Statistical Journal of the United Nations Economic Commission for Europe*，2002(19).

［89］路正南:《产业结构调整对我国能源消费影响的实证分析》,《数量经济技术经济研究》,1999 年第 12 期。

［90］Schafe A R. Structural Change in Energy Use. *Energy Policy*, 2005（33）.

［91］尹春华，顾培亮：《我国产业结构调整与能源消费的灰色关联分析》，《天津大学学报（自然科学与工程技术版）》，2003年第1期。

［92］曾波，苏晓燕：《中国产业结构成长中得能源消费特征》，《能源与环境》，2006年第4期。

［93］史丹，张金隆：《产业结构变动对能源消费的影响》，《经济理论与经济管理》，2003年第8期。

［94］Han，Xiaoli，Lakshmanan T K. Structural Changes and Energy Consumption in the Japanese Economy 1975－85：An Input-Output Analysis. *Energy Journal*, 1994. 15(3).

［95］Kydes，Andy S. Energy Intensity and Carbon Emission Responses to Technological Change：The U. S. Outlook. *Energy Journal*, 1999, 20(3).

［96］Jorgenson D W，Kevin J Strioh. U. S. Economic Growth at the Industry Level. *American Economic Review*, 2000, 92(5).

［97］Alcantara Vicent，Rosa Duarte. Comparison of Energy Intensities in European Union Countries，Results of a Structural Decomposition Analysis. *Energy Policy*, 2004, 32(2).

［98］尚红云：《中国能源投入产出问题研究》，北京师范大学出版社，2011年。

［99］Zhang Zhongxiang. Why did the Energy Intensity Fall in China's Industrial Sector in the 1990s?" *Energy Economics*, 2003(25).

［100］张军，刘君：《中国能源消费模式的转变及其解释》，《学术

月刊》,2008 年第 7 期。

[101] 王峰,吴丽华,杨超:《中国经济发展中碳排放增长的驱动因素研究》,《经济研究》,2010 年第 2 期。

[102] 茹塞尔·派蒂松,张光华:《人类世界面临的五大威胁》,《世界环境》,1983 年第 1 期。

[103] 李京文:《我国能源发展与环境问题》,《数量经济技术经济研究》,1995 年第 12 期。

[104] 李国璋,江金荣,周彩云:《转型时期的中国环境污染影响因素分析——基于全要素能源效率视角》,《山西财经大学学报》,2009 年第 12 期。

[105] 杨永华,诸大建,王辰,宋静:《经济学视角的能源使用与环境质量关系研究》,《资源环境与工程》,2007 年第 1 期。

[106] 李从欣,李国柱:《能源消费与环境污染关系的实证研究》,《煤炭经济研究》,2009 年第 1 期。

[107] 曾波,苏晓燕:《基于灰色关联的我国工业行业能源消费对环境质量影响的实证分析》,《价值工程》,2006 年第 9 期。

[108] 李诚:《我国部门间能源消耗与污染气体排放的估算》,《山西财经大学学报》,2010 年第 7 期。

[109] Zhang M, Mu H, Ning Y, Song Y. Decomposition of Enerey Related $CO_2$ Emission over 1991—2006 in China. *Ecological Economics*,2009,68(7).

[110] 主春杰,马忠玉,王灿,刘子刚:《中国能源消费导致的 $CO_2$ 排放量的差异特征分析》,《生态环境》,2006 年第 5 期。

[111] Cole Matthew A, Robert J R. Elliott, Shanshan Wu. Industrial Activity and the Environment in China:An Industrial level Analysis. *China Economic Review*,2008(3).

[112] Ang B W, Zhang F Q, Choi K H. Factorizing Changes in Energy and Environmental Indicators through Decomposition. *Energy*, 1998(6).

[113] 徐国泉, 刘则渊, 姜照华:《中国碳排放的因素分解模型及实证分析: 1995—2004》,《中国人口·资源与环境》, 2006年第6期。

[114] 陈诗一:《节能减排、结构调整与工业发展方式转变研究》, 北京大学出版社, 2011年。

[115] 刘起运:《关于投入产出系数结构分析方法的研究》,《统计研究》, 2002年第2期。

[116] 吕铁:《制造业结构变化与生产率增长的影响》,《管理世界》, 2002年第2期。

[117] 李小平, 卢现祥:《中国制造业的结构变动与生产率的影响》,《世界经济》, 2007年第5期。

[118] 孔令丞:《论中国产业结构优化升级》, 中国人民大学博士学位论文, 2003年。

[119] 江泽民:《对中国能源问题的思考》,《中国交通大学学报》, 2008年第3期。

[120] Lowe E A, Evans L K. Industrial Ecology and Industrial Ecosystem. *Journal of Cleaner Production*, 1995(3).

[121] Korhonen J. Industrial Ecology in the Strategic Sustainable Development Model: Strategic Application of Industrial Ecology. *Journal of Cleaner Production*, 2004(12).

[122] 温杰, 张建华:《中国产业结构变迁的资源再配置效应》,《中国软科学》, 2010年第6期。

[123] Graedel T E, Allenby B R:《产业生态学》, 施涵译, 清华大学出版社, 2004年。

[124] Jorgenson Dale W, Frank Gollop, Barbara Fraumeni.

*Productivity and U. S. Economic Growth*. Harvard University Press,1987.

[125] Kummel Reiner,JuLian Henn, Dietmar Lindenberger. Capital, Labor, Energy and Creativity. *Structural Change and Economic Dynamics*,2002(13).

[126] Ayre R U,Warr B. Energy,Power and Work in the US Economy,1900—1998. *Energy*,2003(3).

[127] Mullillo Zamorano L R. the Role of Energy in Productivity Growth:a Controversial Issue? *The Energy Journal*,2005(2).

[128] Kasahara Hiroyuki, Joel Rodrigue. Does the Use of the Important Intermediates Increase Productivity? *Journal of Development Economics*,2008(13).

[129] 张萌,姜振寰,胡军:《工业共生网络运作模式及稳定性分析》,《中国工业经济》,2008 年第 6 期。

[130] Chen Shiyi, Jun Zhang. Empirical Reaseach on Fiscal Expenditure Efficiency of Local Government in China. *Social Sciences in China*,2009(2).

[131] 顾江:《生态系统稳定性统计模型分析运用》,《数量经济技术经济研究》,2001 年第 1 期。

[132] 赵玉林,徐娟娟:《创新诱导主导性高技术产业成长的路径分析》,《科学学与科学技术管理》,2009 年第 9 期。

[133] 王洁,杨博维,杨继瑞:《以新兴产业催化产业结构调整升级》,《财经科学》,2009 年第 7 期。

[134] 史丹:《国际金融危机之后美国等发达国家新兴产业的发展态势及其启示》,《中国经贸导刊》,2010 年第 3 期。

[135] Pujari D,Wright G,Peattie K. Green and competitive: influences on environmental new product development

performance. *Journal of Business Research*, 2003,56(8).

[136] Ramaseshan B,Caruana A,Pang L S. The Effect of Market Orientation on New Product Performance：A Study among Singaporean Firms. *The Journal of Product and Brand Management*,2002,11(6).

[137] Fuller D A，Ottman J A. Moderating Unintended Pollution：the Role of Sustainable Product Design. *Journal of Business Research*,2004,57(11).

[138] Cooper R G. Pre-development Activities Determine New Product Success. *Industrial Marketing Management*,1988(17).

[139] Song X M,Parry M E. A Cross-national Comparative study of new Product Development Processes：Japan and the United States. *Journal of Marketing*, 1997(1).

[140] Higgins H. Design for 'X'：designing environmentally sustainable solutions. A Keynote speech at the PDMA Conference. Product Development Management Association Conference,2003.

[141] 王今朝，王静：《论高技术产业与传统产业的融合发展》，《商业时代》,2008年第17期。

[142] 王稼琼，李卫东：《城市主导产业选择的基准与方法再分析》,《数量经济与技术经济研究》,1999年第5期。

[143] 台冰：《发展高技术与改造传统产业关系的新视角》,《科技管理研究》,2007年第9期。

[144] 赵强，胡荣涛：《加快传统产业改造与升级的步伐》,《经济经纬》,2002年第1期。

[145] 赵玉林，汪芳：《基于高技术产业和传统产业关联的湖北产业结构升级研究》,《中国科技论坛》,2007年第4期。

[146] 吕明元:《技术创新与产业成长》,经济管理出版社, 2009 年。

[147] Oldenburg K U, Geiser K. Pollution Prevention and Industrial Ecology. *Journal of Cleaner Production*, 1997,5(1).

[148] 段宁:《清洁生产、生态工业和循环经济》,《环境科学研究》,2001 年第 6 期。

[149] 郭莉,Lawrence Malesu,胡筱敏:《产业共生的"技术创新悖论"——兼论我国工业生态园的效率改进》,《科学学与科学技术管理》,2008 年第 10 期。

[150] 克利斯·弗里曼,罗克·苏特:《工业创新经济学》,北京大学出版社,2005 年。

[151] Cooke P, Uranga M G, Etxebarria G. Regional Innovation Systems: Institutional and Organizational Dimensions. *Research Policy*, 1997(26).

[152] Murat Mirata, Tareq Emtairah. Industrial Symbiosis Network and the Contribution to Environmental Innovation: The Case of the Landskrona industrial Symbiosis Programme. *Journal of Cleaner Production*, 2005(13).

[153] Lmabert A J D, Boons F A. Eco-industrial Parks: Stimulating Sustainable Development in Mixed Industrial Parks. *Technovation*, 2002(22).

[154] Kirsten U Oldenburg, Kenneth, Geiser. Pollution Prevention and Industrial Ecology. *Journal of Cleaner Production*, 1997,5(1).

[155] Chertow M R. Evaluating the Success of Eco-industrial Development. In: Cohen Rosenthal, E, Musnikow, J (Eds.), *Eco-Industrial Strategies: Unleashing Synergy*

*Between Economic Development and the Environment*. Greenleaf, 2003.

[156] Gibbs D C. Trust and Networking in Interfirm Relations: the Case of Ecoindustrial Development. *Local Economy*, 2003, 18(3).

[157] 杨玲丽:《工业共生中的政府作用——以贵港生态工业园为案例》,《技术经济与管理研究》,2010 年第 6 期。

# 后　记

　　本书是在贺丹博士论文的基础上创作完成的。首先,本书稿在修订过程中得到了我们的博士生导师赵玉林教授的悉心指导,导师以其严谨的治学态度、渊博的学识、坚毅执着的品格、积极进取的作风时刻激励着我们,是我们一生学习的榜样;导师和师娘多年来如父母般无微不至的关怀将是我们一生铭记的恩情。借此,对导师的辛勤栽培致以最崇高的敬意和最诚挚的感谢。

　　其次,感谢江苏大学国贸系这个温暖的集体,自我们入职以来,给予我们无微不至的关怀和帮助,让我们迅速地融入全新的工作环境,感谢教研室老师们对我们在学术上的鼎力支持。感谢江苏大学专著出版基金的资助,感谢江苏大学出版社的大力支持,有了这些资助和支持,本书才得以顺利出版。

　　再次,感谢我们的爸爸妈妈三十年来的养育之恩,没有他们的倾力支持,就不会有我们今天的成绩。感谢我们的儿子李溯勋,他是我们奋斗的动力和快乐的源泉。感谢缘分和爱,让我们一直以来相互关爱与鼓励,在彼此最低落的时候给予贴心的安慰,在对方最困难的时候给予无私的帮助。家人的期望和鼓励是我们不懈努力、积极进取的动力源泉。

　　本书的研究过程综合了产业经济学、产业生态学、生态经济学等学科的知识,研究方法的科学性、研究结论的正确性可能与众多专家学者的认识并不完全一致,尚有许多问题在探索实践中,尽管写作过程中克服诸多困难,但也尽了自己最大的努力。虽已搁笔,但本书中的缺点在所难免,恳请各位专家、老师给予批评、指正。

贺　丹　李文超

2012 年 3 月于武汉

2013 年 9 月于镇江